AF570968

für Fridays for Future

OLAF SPECHT

ERKENNTNISSE FÜR DIE WELT VON MORGEN

Orientierung kurz und bündig für Klimaschutz, faire Weltwirtschaft und die Zukunft Europas
aktualisierte 2. Auflage

BoD

Titel: **ERKENNTNISSE FÜR DIE WELT VON MORGEN**

Orientierung kurz und bündig für Klimaschutz, faire Weltwirtschaft und die Zukunft Europas
aktualisierte 2. Auflage

Titel- und
Rückseitenfoto: Silke Specht Wüste Namib, Namibia

Autor: Olaf Specht
Exportlehre in Hamburg, Technischer Volkswirt mit Fachrichtung Maschinenbau und Promotion an der TH Karlsruhe über Privatinvestitionen in Entwicklungsländern. Stipendiat des Evangelischen Studienwerks. Berufsschwerpunkte: Entwicklungs-, Investitionsplanung und Berufsausbildung in Afrika, Latein-Amerika und Asien; Internationales Industriemanagement in Deutschland und Frankreich, Professor für VWL und BWL an der FH Wedel und der University of Fort Hare Südafrika; Mitglied von Amnesty International.

Bibliographische Information der Deutschen Nationalbibliothek: Die Deutsche Nationalbibliothek verzeichnet diese Publikation in der Deutschen Nationalbibliographie; detaillierte bibliographische Daten sind im Internet über http://dnb.dnb.de abrufbar.

Herstellung und Verlag:
BoD – Books on Demand, Norderstedt.
ISBN: 978-3-749-484478

INHALT

VORWORT

Die Beschönigung großer Gefahr wurde oft Ursache tödlicher Katastrophen. Beispiele sind: Der Untergang des Inkareiches, von Stalingrad und der Titanic. Weil der Astrophysiker Stephen Hawkins unsere Zeit besonders wegen exzessiver globaler Ungleichheit und weltweiter digitaler Information als den gefährlichsten Moment der Menschheitsgeschichte bezeichnet hat, versucht dieses Buch, das gegenwärtige „Bedrohungsknäuel" verständlich „aufzudröseln" und daraus einen Ariadnefaden zu spinnen, der uns Auswege aus dem Labyrinth der „Zeitenwende" finden lässt.

Um die Ziele der Vereinten Nationen für eine nachhaltige Entwicklung, Sustainable Development Goals (SDG), zu erreichen, gilt es die Hauptursachen und treibenden Kräfte hinter den großen Krisen unserer Zeit zu verstehen, von denen jede allein oder als Unheilbeschleuniger zusammen mit den anderen in einer der kommenden Dekaden den Kollaps der menschlichen Zivilisation oder zumindest den Zerfall der europäischen Friedensordnung auslösen kann.

Der Mitautor der Allgemeinen Erklärung der Menschenrechte Stéphane Hessel und der Philosoph Edgar Morin schreiben in Wege der Hoffnung: „Wenn unser Weltsystem die Geister, die es rief, nicht mehr loswerden kann, wird es zerfallen oder auf eine frühere Stufe zurücksinken. Nur noch ein Neubeginn mit einem grundlegenden Wandel kann sein Überleben garantieren." – Dafür notwendige Haupterkenntnisse habe ich aus der umfangreichen interdisziplinären Fachliteratur „herausdestilliert" und verständlich zusammengefasst.

Die Freiheit unserer wohlhabenden Gesellschaften, zukünftigen Generationen einen verwüsteten Planeten zu überlassen, muss endlich durch Verantwortung und Generationengerechtigkeit gezügelt werden. Dafür demonstriert die Jugend an *Fridays for Future.* Das gilt es entschlossen mit Ausdauer, soliden Argumenten und Aktionen zu unterstützen. Hier sind die entscheidenden Argumente für die notwendige Debatte und Aktion; *kurz und bündig: knowledge for future.*

Olaf Specht Herbst 2019

1 Klimawandel, nach Luxus im Treibhaus Sintflut am Horizont [1]

Die Temperatur der Erde ist in den letzten 50 Jahren deutlich gestiegen. Die globale Durchschnittstemperatur, ermittelt aus tausenden Wetterstationen, war 2017 0,7 Grad Celsius höher als der Durchschnitt des 20. Jahrhunderts. Auch Satelliten … haben einen deutlichen Trend zur Erwärmung dokumentiert.
CO_2 und andere menschengemachte Treibhausgase zeigen einen stetigen Anstieg und sorgen als Hauptursache dafür, dass weniger Wärme vom Planeten entweichen kann (Albedo).
Wir Menschen verursachen die globale Erwärmung sagen 97% von 4.014 Studien und 98,5% der befragten Klimawissenschaftler.
Folgende Zahlen zeigen deutlich, dass die USA und die EU-Länder als Hauptverursacher der Vergangenheit zusammen mit China als wichtigstem Verursacher der Gegenwart heute über 50% der CO_2-Emissionen verursachen, also gemeinsam mit Russland und großen Schwellenländern wie Brasilien und Indien als größte Verursacher die Hauptverantwortung für die Senkung der CO_2-Emissionen tragen!
Hauptverursacher weiter steigender CO_2-Emissionen
Fritsch[2] schrieb schon vor fünfundzwanzig Jahren: „Nimmt man die Haupt-Emittenten Nordamerika, Europa, ehemalige Ostblockländer und China zusammen, dann entfallen auf diese vier Länder bzw. Ländergruppen drei Viertel der CO_2-Emissionen." D.h. jeder dieser Hauptemittenten muss mit Reduzierung seiner Emissionen zum Erfolg des Klimaschutzes beitragen oder kann dessen Scheitern verursachen. Achtung: ein Fünftel der Emissionen der Europäischen Union kommt aus Deutschland! Darüber hinaus verlagert Deutschland mehr als die Hälfte seines ökologischen Fußabdrucks durch Einfuhren aus anderen Ländern in diese Länder.[3] Unsere Futtermittelimporte aus Brasilien für Massentierhaltung tragen bei zur Zerstörung des Amazonaswaldes.

---

1 www.nationalgeographic.de/7 fakten zum klimawandel

2 Bruno Fritsch, Mensch-Umwelt-Wissen, Evolutionsgeschichtliche Aspekte des Umweltproblems, Zürich und Stuttgart 1994, S. 202 ff

3 WWF/Living Planet Report 2014 Kurzbericht S. 10 ff.

CO_2-Ausstoß steigt weltweit

in Mrd. Tonnen	1990	2013
China	2,5	10,3
Indien	0,7	2,1
USA	5,0	5,5
EU	4,3	3,7
übrige	10,2	13,9
gesamt	**22,7 +39%**	**35,5**

Quelle: Spiegel Nr. 9, 2015

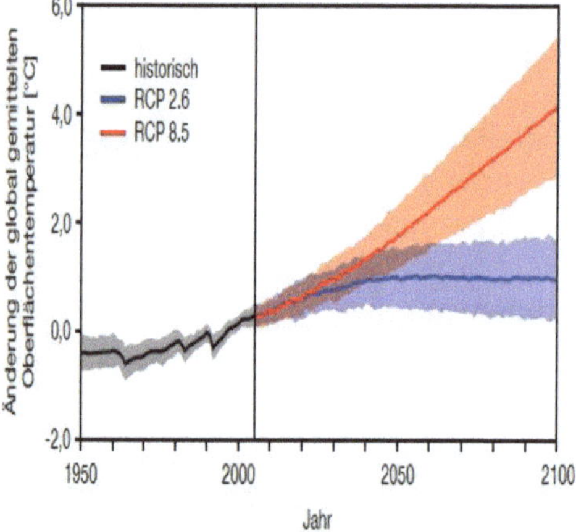

Abbildung 1.5-1
Modellsimulationen für die Abweichung der global gemittelten Oberflächentemperatur (Jahresmittel) gegenüber dem Vergleichszeitraum 1986 bis 2005. Um die Temperaturänderung gegenüber dem vorindustriellen Niveau zu erhalten, müssen zu den Werten an der Temperaturskala etwa 0,61 °C hinzuaddiert werden. Der schattierte Bereich zeigt den Unsicherheitsbereich.
Quelle: IPCC, 2013b, leicht verändert

Im Klimaschutzabkommen von Paris haben sich 2015 die 195 Unterzeichnerstaaten verpflichtet, in nationalen Klimaschutzplänen zu definieren, wie sie zur Begrenzung der Erderwärmung deutlich unter 2° Celsius beitragen werden, und vereinbarten, ihre Fortschritte in Klimakonferenzen zu belegen.
Deutschland ist Unterzeichner, aber hat bis Mitte 2019 keinen erfolgversprechenden Klimaschutzplan. Ein Entwurf des Umweltministeriums mit dem Titel „Dekarbonisierung“ wurde als zu ambitioniert vom Kanzleramt „entkernt“. Szenarien des IPCC der obigen Grafik zeigen,

dass die Welt noch auf dem Pfad zu 4° Erwärmung ist (**rote Kurve RCP 8.5)** und weniger als 2° erreichbar sind **(blaue Kurve RCP 2.6**).

greenpeace magazin vom März 2015 berichtet:
„50% der seit Beginn der Industrialisierung Anfang des 19. Jahrhunderts freigesetzten Treibhausgase stammen aus dem Europa der EU und den USA (S. 57).
54% des globalen CO_2-Anstiegs seit 2002 entfallen auf die chinesische Kohle (S.56).
2% weniger Kohle verbrauchte China 2014 gegenüber dem Vorjahr (S.52)
12 Gigawatt Solaranlagen wurden 2013 in China installiert,
Sie liefern bei Tag so viel Strom wie 8 Atomkraftwerke (S. 50)."

Weltweite CO_2-Emissionen stiegen wie 2017 auch 2018 weiter.[4]
„Mehr statt weniger: Im Jahr 2018 wird der globale CO_2-Ausstoß höher sein als je zuvor – das enthüllt die aktuelle Bilanz des Global Carbon Project. Demnach sind die weltweiten Treibhausgas-Emissionen in 2018 um weitere 2,7 Prozent gegenüber 2017 angestiegen. Hauptursache ist ein weitgehend ungebremstes Wachstum bei den fossilen Energieträgern Erdöl und Erdgas. Auch die Kohlenutzung hat weltweit wieder zugenommen, wie die Forscher berichten"….(7 deutsche Kohlekraftwerke gehören mit Ryanair zu den 10 größten Luftverschmutzern der EU, berichtet die EU-Kommission).

„Wir hatten gehofft, dass die Emissionen vor ein paar Jahren schon ihren Höhepunkt erreicht haben", sagt Rob Jackson von der Stanford University. „Aber nach zwei Jahren des neuerlichen Wachstums war das wohl Wunschdenken."

Stattdessen erreichen die CO_2-Emissionen aus fossilen Brennstoffen im Jahr 2018 den neuen Rekordwert von 37,1 Milliarden t. Dazu kom-

---

[4] Quelle: Global Carbon Project, Nature, Stanford University, University of East Anglia; https//:www.scinexx.de/news/geowissen/co2-auststoss-steigt ungebrochen; abgefragt 1.9.2019

men weitere 4,5 Milliarden t CO_2 aus nichtfossilen Quellen wie Landnutzungsveränderungen.

Dieser Anstieg der CO_2-Emissionen habe folgende Hauptursachen, den wachsenden Energiebedarf der Weltbevölkerung, besonders des Verkehrs, und die Tatsache, dass dieser wachsende Energiebedarf noch immer vorwiegend aus fossilen Brennstoffen gedeckt werde. „Der globale Energiebedarf übersteigt das starke Wachstum bei erneuerbaren Energien und der Energieeffizienz", erklärt Jackson. „Es reicht nicht aus, dass die Erneuerbaren zunehmen, sie müssen die fossilen Brennstoffe ablösen."

„Doch das ist bisher kaum der Fall: In der EU ist dank der erneuerbaren Energien zwar die Kohle- und Gasnutzung leicht zurückgegangen. Dafür wird vor allem für den Fahrzeugverkehr und die Luftfahrt umso mehr Öl verbraucht. Ähnlich sieht es weltweit aus: Die Zahl der Fahrzeuge hat sich seit 2010 um vier Prozent erhöht, etwa im gleichen Zeitraum stieg der Kraftstoffverbrauch der kommerziellen Luftfahrt um 27 Prozent, wie die Forscher berichten."

Fossil angetrieben sind Auto, Schiff und Flugzeug entscheidende Klimakiller.[5] Das zeigen die Zahlen des durchschnittlichen Energieverbrauchs 1999 für den Transport am Beispiel Japan (kWh pro 100 Personenkilometer)

Auto	**68**
See	**57**
Luft	**51**
Bus	**19**
Schiene	**6**

Pro-Kopf-Emissionen CO_2 in Tonnen pro Jahr 2016[6]

Katar 30,7	Saudi-Arabien 20,7	Australien 16,0	**USA 15,0**
Kanada 14,9	Russland 10,0	Japan 9,0	**Deutschland 8,9**
Norwegen 6,8	China 6,6	**Italien 5,4**	**Frankreich 4,4**
Spanien 5,1	Brasilien 2,1	**Indien 1,6**	**Weltmittel 4,8**

[5] Quelle: MacKay, Sustainable Energy, S 121; www.uit.co.uk

[6] Quelle: www statistica.com/Co2-Emissionen pro Kopf weltweit

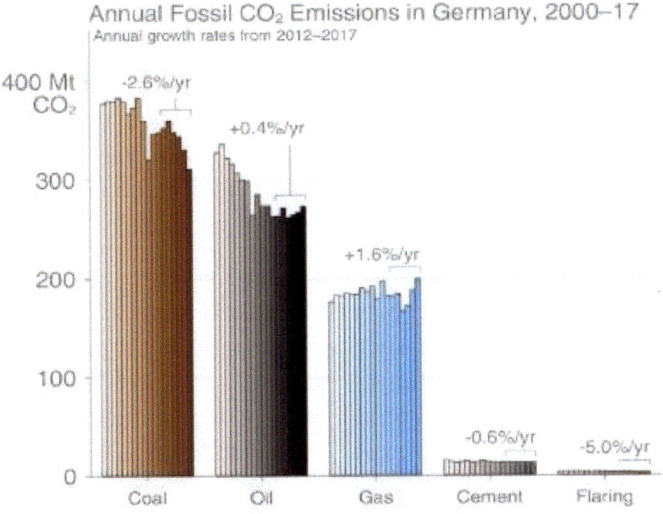

Deutschlands Treibhausgasmissionen in 2017 von gesamt 907 Mio. Tonnen CO2-Äquivalenten in %[7]

Energiewirtschaft 34,6; Verkehr 18,5; Gebäude 15,2; verarbeitendes Gewerbe 15,0; Landwirtschaft 7,3; Industrie 7,1; Sonstige 2,3

Folgende Fehlentwicklungen sind ein Indiz für Deutschlands von Wirtschaftsinteressen dominierte zögerliche Klimapolitik:
(1) Von 2010 bis 2017 stieg der Ausstoß an Treibhausgasen durch Pkw um sechs Prozent, durch 10% mehr Autos und 16% höhere Motorleistung neu zugelassener Pkw. Dazu trugen jährlich steigende Zulassungen an Luxusgeländewagen (SUV) bei, die 2019 die Mio. erreichen. In Cities „konkurrieren" SUVs und E-Roller contra Fußgänger.
(2) Durch intensive Bewirtschaftung sank die Speicherung von Treibhausgas in Böden verglichen mit 1990 um 50%.
(3) Die 9. Elbvertiefung ist fehlerhaft begründet, missachtet Alternativen, verstärkt Fischsterben und gefährdet Deichsicherheit.[8]

---

[7] Spiegel No.38 v.14.9.2019, Die große Heuchelei, S.16 und 18
[8] Hintz,K.+Schuldt,E.-O.,Hrsg. Wahr-*Schau* Elbvertiefung,Norderstedt 2014

Kipp-Punkte im Erdsystem mit irreversiblen Folgen für unsere Lebensgrundlagen[9]

Als Kipp-Punkte bezeichnet man ein „Systemverhalten, bei dem nach Überschreiten einer kritischen Schwelle eine kaum noch steuerbare Eigendynamik des Systems einsetzt“ mit nicht zu vernachlässigender Gefahr sprunghafter irreversibler Veränderungen. Der ungebremste Klimawandel führt das Erdsystem an folgende Kipppunkte:

(1) Abschwächung des atlantischen Golfstroms nach Europa

Der Golfstrom führt als atlantische Oberflächenströmung Wärme aus der Karibik nach Europa. Angetrieben wird dieser Golfstrom durch eine entgegengesetzte kalte Tiefenströmung, die dadurch entsteht, dass im hohen Norden das Wasser abkühlend absinkt und nach Süden fließt und erst in der Karibik erwärmend wieder aufsteigt. Das bereits begonnene Abschmelzen der Polkappen kann diesen Prozess verlangsamen und im Extremfall zum Erliegen bringen, mit der Folge, dass Europas Klima mit gravierenden Folgen für die Landwirtschaft dem von Sibirien ähnlich würde.

(2) Ausbleiben oder Verstärkung des Monsunregens in Asien

Ähnlich wie der Golfstrom folgt der Monsunwind starken äußeren Einflüssen, die sich verändern. Zunehmende Aerosole in der Atmosphäre bremsen den Monsun und die wachsende CO_2-Konzentration tendiert zu einer Monsunverstärkung. Außerdem ist noch nicht erforscht aber wahrscheinlich, dass sich atlantische und atmosphärische Strömungen beeinflussen. Aus Langzeitbeobachtungen sind Abschwächungen des Monsunregens bekannt. Es muss also die Möglichkeit der Beeinträchtigung der Monsunzirkulation befürchtet werden. Da der Monsunregen in großen Teilen Indiens bis zu 90% der sommerlichen Regenmenge ausmacht, birgt seine Instabilität ein großes Ernährungsrisiko für Indien. Der Bedarf der Inder an sauberem Wasser werde das Angebot schon im Jahr 2030 um 50% übertreffen warnt McKinsey. Indien und China drohen ernste Konflikte um Wasser.

---

[9] nach Stiftung Entwicklung und Frieden (SEF) Hrsg., Global Trends 2010, Frankfurt/M 2010, S. 268 – 272

(3) Der Amazonas-Regenwald kann als CO_2-Speicher kollabieren.

Anhaltende großflächige Rodungen und wiederholte Dürreperioden drohen die Fähigkeit des tropischen Regenwaldes des Amazonas als CO_2-Senke, CO_2 zu absorbieren, in CO_2-Produktion umzukehren. Das kann mit einiger Wahrscheinlichkeit großräumig gravierende Folgen für Niederschläge, Landwirtschaft und die Ernährung der Bevölkerung von Brasilien haben.

(4) Anstieg des Meeresspiegels wegen Schmelzens der Polkappen und Gletscher

Ein Abschmelzen des Grönländischen Eisschildes würde zu einer globalen Erhöhung des Meeresspiegels um viele Meter führen. Einerseits stabilisiert sich das Grönlandeis selbst zu einem gewissen Grad, weil es 3 km dick in höhere kältere Luftschicht reicht. Andererseits hat man jedoch eine schnellere Fließgeschwindigkeit der Gletscher beobachtet. Der Meeresspiegel steigt bis zum Ende dieses Jahrhunderts mit einer Wahrscheinlichkeit von etwa 2/3 um 60 bis 90 cm mit großen regionalen Abweichungen bis zu 2 Meter. Der Anstieg wird in den folgenden Jahrhunderten weitergehen und könnte mit großer Ungewissheit 5 bis 9 Meter erreichen, weil das arktische Meereis und die großen Gletscher des Himalaya tauen und das Meer zusätzliche Sonnenwärme absorbiert, die bisher vom Eis reflektiert wurde. Durch zunehmende CO_2-Absorption versauern die Meere, was die Lebensbedingungen für Schalentiere schädigt und Korallenriffe vernichtet. Europas Küstenlinien werden sich ändern. Wenn wir wie bisher weitermachen, werden die Ostfriesischen Inseln verschwinden und der Lebensraum vieler Millionen Menschen in Küstenstädten wird bedroht.

(5) Superrisiko Methanhydrat[10]

Methanhydrat ist gasförmiges Methan, das in festen „Eiskäfigen" (=Hydrat) eingeschlossen ist. Diese Bildung wird durch hohen Druck und tiefe Temperaturen begünstigt. Methanhydrat findet sich in kalten Meeresschichten, im Eis und in Permafrostböden. Steigt die

[10] vgl. https://worldoceanreview.com/wor-1/meer-und-chemie/methanhydrate/

Temperatur und/oder sinkt der Druck, so wird das Gas Methan freigesetzt, das 23-mal klimaaktiver als CO_2 ist. Im Meer wird das aufsteigende Methan von Mikroorganismen teilweise abgebaut. Dies gelingt aber nur, wenn Methan genügend Zeit beim Aufsteigen hat, um sich im Wasser zu lösen. Je größer der Methanstrom ist und je dichter die Freisetzung an der Wasseroberfläche passiert, desto weniger kann durch Mikroorganismen aufgenommen und in CO_2 umgewandelt werden. In den Permafrostböden ist der Abbau durch Mikroorganismen sehr gering, da das Gas direkt aus dem erwärmten Boden aufsteigt. Wissenschaftler sind sich noch nicht einig, wie groß die Mengen an Methanhydrat sind (1000 bis 530.000 Gigatonnen, viele Schätzungen gehen von 1000 bis 5000 Gigatonnen aus) und welche Auswirkungen quantitativ zu befürchten sind. Einigkeit herrscht, dass der Temperaturanstieg und die Versauerung der Meere stark vom freigesetzten Methan abhängen. Mit zunehmender Temperatur wird immer mehr Methan freigesetzt und treibt die Erderwärmung stark an. Als Folge werden auch die freigesetzten Methanmengen exponentiell steigen. **Der Spezialbericht des Weltklimarates (IPCC von Mitte 2019) über die Landflächen der Erde,** die zu 70% vom Menschen genutzt werden, warnt, dass der Klimawandel zusammen mit versiegelten Flächen, trockengelegten Feuchtgebieten und intensiver Landwirtschaft (wie z.B. in Deutschland) den Wasserhaushalt der Landschaft dramatisch verändert habe. Global führe dieses Zusammenwirken von Klima und Mensch dazu, dass große Gebiete von Versteppung und extremen Regenfällen bedroht seien mit Verschlechterung der Bedingungen für Ackerbau. Das könne zu instabiler Versorgung mit Lebensmitteln und instabilen Staaten führen. Die Durchschnittstemperatur an Land sei mit 1,5° Celsius schneller als über dem Meer gestiegen. Kurz: So könne es nicht weitergehen.[11] **Die klimabedingten Katastrophen** (Stürme, Überschwemmungen, Dürreperioden, Hitzewellen und Tsunamis) haben sich seit 1980 weltweit verdreifacht. Wassermangel ist neue Normalität in den von Dürren betroffenen Metropolen wie Kapstadt, Sao Paulo, Los Angeles und Melbourne. Die Erwärmung der Meere wird diese Entwicklung wahrscheinlich beschleunigen.

[11] https:// www.spectrum.de/news/IPCC warnt vor Ausbeutung des Landes

2 Klimawandel, Migration ohne Menschenrechte

Greenpeace liefert in einem fundierten Bericht[12] zum Thema Klima und Migration Fakten und Argumente, die in der von Egoismus und Angst oberflächlich entstellten Debatte über Migration i.d.R. fehlen. Daraus stammen folgende bedenkenswerten Auszüge: „Die Folgen des Klimawandels wie verlängerte Hitzewellen, zunehmende Dürre, der Anstieg des Meeresspiegels, Überschwemmungen und die Zunahme von Starkstürmen zerstören Lebensgrundlagen von immer mehr Menschen. Bereits heute werden doppelt so viele Menschen durch extreme Wetterereignisse vertrieben, als durch Krieg und Gewalt. Zusätzlich verlassen Millionen von Menschen ihre Heimat, weil eine langsam fortschreitende Umweltdegradation, die oft vom Klimawandel mit verursacht ist, ihre Lebensgrundlagen zerstört. Sogar Maßnahmen, die dem Klimaschutz und der Anpassung dienen sollen, können zu weiteren Vertreibungen führen wie das Landgrabbing zugunsten des Anbaus von Biotreibstoffen bzw. für den Export von Nahrungsmitteln oder den Bau von Schutzanlagen gegen Überschwemmungen. Wissenschaftler/innen befürchten, dass am Ende dieses Jahrhunderts jeder zehnte Mensch in einem Brennpunkt leben wird, der in mehrerer Hinsicht von den Folgen des Klimawandels betroffen sein wird, wenn die Emission von Treibhausgasen nicht gestoppt wird. Vertreibung und Migration sollten als ein Signal verstanden werden, endlich die Bekämpfung des Klimawandels ernst zu nehmen, die Ziele des Pariser Klimaabkommens zügig umzusetzen und den Ausstieg aus den fossilen Energieträgern zu forcieren.“ (S.33)

Die Prognosen zur Klimamigration reichen von 100 bis 300 Mio. Menschen. 200 Mio Klimavertriebene bis 2050 ist die häufigste Zahl. Gemessen an dieser Dimension ist die europäische Migrationsdebatte

[12] www. Greenpeace Bericht Klimawandel und Migration , 8/2019
Studie von Hildegard Bedarff u. Cord Jakubeit Universität Hamburg

meistens flach, kurzsichtig und wenig zielführend. Wichtig sind folgende von Greenpeace berichteten Erkenntnisse (S. 16 ff.):

- „Acht der zehn größten Städte der Welt liegen gegenwärtig in niedrigen Küstenbereichen und wachsen überdurchschnittlich (S.16)
- Dürren gibt es in allen Regionen der Welt. Sie können regelmäßig oder plötzlich auftreten und mehrere Monate oder gar Jahre dauern. Besonders betroffen waren die Länder des östlichen und südlichen Afrikas, Süd- und Ostasien, der Pazifik sowie Süd- und Mittelamerika und Australien. In Afrika fielen in den 1980er Jahren mehr als eine halbe Million Menschen dürrebedingten Katastrophen zum Opfer. (S.16)
- Die verschiedenen Klima- und Umweltfaktoren, die sich gegenseitig ergänzen und von menschlichen Einflüssen noch verstärkt werden können, führen in vielen Teilen der Welt zu einer massiven Bodendegradation.
- Oft treten Dürren in Verbindung mit anderen Umweltveränderungen auf, die die Lebensgrundlagen der Menschen zusätzlich gefährden und den Migrationsdruck erhöhen. Dürreperioden, denen Starkregen folgt, erhöhen die Überschwemmungsgefahr, weil das ausgetrocknete Land das Wasser schlecht absorbiert. (S.17)
- Da fruchtbare Böden und Wasser in Zukunft knapper werden bei gleichzeitiger Zunahme von Hitze, befürchtet der IPCC in vielen Regionen zunehmende Nahrungsmittelengpässe und einen Anstieg der Lebensmittelpreise, der arme Bevölkerungsgruppen stark treffen wird. (S.17)
- Dürren, Hitze und Bodendegradation sind weltweit wichtige Treiber für Wanderungsbewegungen in die Städte. (S.17)
- Häufig ziehen nur einzelne Familienmitglieder in Wirtschaftszentren, um durch Rücküberweisungen Ernteausfälle auszugleichen und die Familie finanziell zu unterstützen.
- Durch Wetterextreme entsteht nicht selbstverständlich Migration aus dem Krisengebiet heraus. Es gibt auch einen gegenläufigen Trend, dass Wetterextreme und Umweltdegradation Armut verstärken und Immobilität erzwingen.

Zufluchtssorte bleiben dann versperrt. Die Menschen sind dann Naturkatastrophen schutzlos ausgesetzt. Auf Dürre und Hitze folgen Mangelernährung und Hunger. Auch Meeresspiegelanstieg und Grundwasserversalzung können Aufgabe der Landwirtschaft und Immobilität erzwingen. Mit der erzwungenen Immobilität verlieren die Menschen Zugang zu Nahrung, Gesundheitsversorgung, Bildung und alternativen Einkommensquellen." (S.18)

Zögerlicher Klimaschutz verstößt offen sichtbar gegen die Allgemeine Erklärung der Menschenrechte und entlarvt Bekenntnisse zur Unantastbarkeit der Menschenwürde als Heuchelei, weil wirklichkeitsfremd und unzureichend. Wer angesichts dieser weltweit wachsenden Katastrophendimension die Reduzierung der CO_2-Emissionen allein der Innovation und dem Markt überlassen will, positioniert sich außerhalb christlicher Normen. Denn er toleriert, dass in unserer angeblich freiheitlichen Ordnung den systematisch Benachteiligten ohne ihr Verschulden ihre wichtigsten Lebensgrundlagen gestohlen werden.

Es ist notwendig und richtig, dass Amnesty International und die Kirchen sehr konkret für Menschenrechte und Klimaschutz vor Gewinnmaximierung eintreten. Sie fordern:

- International tätige Unternehmen müssen per Gesetz (wie in Frankreich) mit Schadensersatzpflicht für Verstöße gegen Umwelt- und Menschenrechte auf ihrer gesamten Liefer- und Beschaffungskette haftbar gemacht werden.
- Freihandel ohne verbindliche Normen für Klimaschutz, Umweltschutz und Menschenrechte ist verbreitet aber verantwortungslos und inakzeptabel.

Schon Berthold Brecht hat in der Dreigroschenoper festgestellt:

„Man sieht nur die im Lichte,
Die im Dunkeln sieht man nicht."

Artensterben: Von rund 1000 untersuchten Arten sind fast die Hälfte aus zu warmen Gebieten, in denen sie vorher lebten, verschwunden.

3 Energ*ethischer* Imperativ und Prioritäten der Energiewende

3.1 „Der Energ*ethische* Imperativ“[13]

Der Ideengeber des Erneuerbare Energien Gesetzes (EEG) Hermann Scheer hat die erforderlichen gesellschaftlichen und politischen Voraussetzungen für das Gelingen der Transformation geprüft und in seinem richtungsweisenden Buch Der Energ*ethische* Imperativ deutlich begründet.

Nach Scheer müssen politische Entscheidungen und Maßnahmen danach unterschieden werden, ob sie nur bestimmte Details regeln oder ob sie „eine Schlüsselrolle spielen, um ein breites Feld neuer Entwicklungen zu erschließen.“

Um die Wende zu Erneuerbaren Energien (EE) zum Erfolg zu führen, hält Scheer vier ordnungspolitische Prinzipien für notwendig (S. 178):

- Einen anhaltenden Vorrang für Erneuerbare Energie auf dem Strommarkt.
- Den Vorrang von Investitionen für Erneuerbare Energien in der Raumordnungspolitik und öffentlichen Bauplanung.
- Eine Veränderung von Energiesteuern zu Schadstoffbesteuerung. Und
- einen konsequenten Aufbau dezentraler kommunaler Energieversorgung.

Folgende Fragen seien für die Gestaltung des Überganges zu beantworten (S. 14 f.):

- Welche Energien sollen im Übergang genutzt werden?
- Welcher Mix an Erneuerbaren Energien (EE) wird angestrebt?
- Welche Leistungen sollen in Zukunft dezentral, welche weiter zentral erbracht werden?
- Welche politischen Maßnahmen müssen die Transformation (regional, national, international) absichern?

---

[13] Hermann Scheer, Der Energ*ethische* Imperativ, München ohne Jahr

- Kann die Wende rechtzeitig umgesetzt werden, um drohenden „Tragödien“ aus konventioneller Energieerzeugung zu entkommen?
- Welche Akteure können die Wende vorantreiben?

Scheer weist darauf hin, dass die herkömmliche Energiewirtschaft ein besonders mächtiges weltweit verflochtenes System von Großunternehmen sei, die alle das Ziel hätten, die gesamte Versorgungskette vom Bergwerk oder Ölfeld bis zum Stromkunden oder Autofahrer unter Kontrolle zu haben. Weil eine umfassende zügige Energiewende von dezentralen Energieerzeugern (Privatpersonen und Kommunen) vorangetrieben werde, verstoße diese Transformation gegen die fundamentalen Bestandsinteressen der herkömmlichen Energiewirtschaft. Wer dies bei der Gestaltung der Rahmenbedingungen außer Acht lasse, werde von heftigen Widerständen überrascht werden (Scheer op.cit. S. 15, 34f.). Interessenkonflikte ergäben sich nach Scheer durch folgende Veränderungen:

- Kleine dezentrale Kraftwerke ersetzen wenige Großkraftwerke
- Neue Speicherformen und andere Übertragungsnetze würden notwendig
- Heimische Energie ersetze Importe
- Transportkapazitäten für Primärenergie (Kohle, Öl, Gas) würden zum Teil überflüssig.

Scheer sagt, angesichts der stark divergierenden Interessen sei strategische Kompetenz notwendig und zitiert Lester Brown, den Direktor des Earth Policy Institutes. Dieser habe die politische Anstrengung des Wechsels zu Erneuerbaren Energien mit einer „wartime mobilization“ in „Blitzgeschwindigkeit“ verglichen. –

Hermann Scheer hat als Schlüssel zum Erfolg folgende Forderungen aufgestellt: Eine Vorrangstellung der Erneuerbaren Energien müsse gewährleistet werden, weil sie von ihrem „höheren gesellschaftlichen Wert“ legitimiert sei. Zur Mobilisierung der EE müssten „volkswirtschaftliche Vorteile in einzelwirtschaftliche Anreize übersetzt werden“ (S. 62 f.).

Scheer bezieht im genannten Werk Position zu diesen Themen:

a) Der Emissionshandel (S. 70 ff.)
Der heutige Emissionshandel zu zerrütteten Preisen (heute bei ca. 25 Euro statt ursprünglich beabsichtigter 2000 Euro für das Recht, eine Tonne CO_2 in die Atmosphäre zu entsorgen (d. Verf.)) wirke nicht wie CO_2-Steuer, sondern gewähre „Absolution für Langsamkeit" und bremse klimaschonende Investitionen. (Die Reform des Emissionshandels mit investitionsfördernden Preisen wird für den globalen Klimaschutz entscheidend. d. Verf.) (vgl. www.WWF Letzte Chance für den Emissionshandel.)

.

b) „Brüchige Brücken: Atomenergie und CCS-Kraftwerke"
Scheer zur **Lage der Atomenergie** (S. 85-98):

- Das Endlagerproblem sei bisher nirgends gelöst.
- Atommüll verliere seine Gefährlichkeit erst nach hunderttausend Jahren. Atomenergie sei deshalb das „vermessenste Projekt der Zivilisationsgeschichte".
- Z.Zt. seien weltweit 435 AKWs in Betrieb mit Durchschnittsalter 25-35 Jahre. D.h., dass alle im nächsten Jahrzehnt stillgelegt werden müssten.
- Es seien 52 neue AKW im Bau und 90 geplant.
- Ohne Laufzeitverlängerung oder Steigerung der Neubauanzahl sinke die Zahl der AKWs in diesem Jahrzehnt weltweit auf weniger als die Hälfte.
- Citigroup berichtet über Anstieg von AKW-Baukosten um den Faktor 2 (in Finnland auf 5,5 Mrd. Euro), weshalb die Stromerzeugungskosten nicht mehr wettbewerbsfähig sein würden.

c) CCS Carbon Capture System
Diese neue mit großen Hoffnungen verknüpfte noch nicht großtechnisch gesicherte Technologie beabsichtigt, die CO_2-Emissionen von Kohlekraftwerken durch unterirdische Speicherung unschädlich zu machen. Scheer nennt die folgenden entscheidenden Probleme (S. 99-103):

Wer heute CCS-Option befürworte und vorantreibe, nehme hin, dass die Ablösung von Kohlekraftwerken durch EE in die 2. Hälfte des 21. Jahrhunderts verschoben werde ... denn die Laufzeit dieser Kohlekraftwerke reiche bis 2070 oder 2075.
Für alle CCS-Technologien bestehen große Machbarkeits-,Transport- sowie Kapazitäts- und Kostenrisiken.
Vattenfall hat am 22.09.2011 das CCS-Projekt Jenschweide mit der Begründung gestoppt: „Unter gegenwärtigen Rahmenbedingungen sei der Haftungszeitraum zu lang."
Der Bundesrat hat ein Gesetz zur Finanz-Beteiligung der Länder an der CCS-Entwicklung gestoppt.

d) Desertec mit Supergrid (S. 137-152)
Scheer moniert die große Wüsten- und Off-Shore-Euphorie und Wahrnehmungsdifferenz zwischen den genannten Risiken dieser Großprojekte und den großen Realisierungserfolgen des EEG.
Ein Viertel der Desertec-Produktion solle für 100 Mrd. Euro in zehn Jahren 13 % der deutschen Stromversorgung liefern. Aber zahllose kleine Investitionen nach EEG in Höhe von 96 Mrd. € sichern 2014 schon 26% der deutschen Stromversorgung. Das euphorisch gepriesene Megaprojekt erfordere einen „Gleichstrom-Highway vergleichbar einer europäischen Kupferplatte" von der nordafrikanisch/arabischen Wüstenregion bis in den mittel- und nordeuropäischen Raum, in der Hand der etablierten Stromkonzerne.
Nahezu unvorhersehbar und unkalkulierbar seien folgende Unsicherheiten und Risiken:

- Unruhige politische Zukunft Nordafrikas
- Nichtbeachtung von nationalen Interessen von Transitländern
- Technische und juristische Schwierigkeiten der Querung von Mittelmeer und Pyrenäen
- Scheer moniert, dass es keine tragfähige Begründung dafür gäbe, den Schwerpunkt der Windstromproduktion teuer aufs Meer zu verlegen (S. 150). (Ende der Scheer-Zitate)

Der Ausbau alternativer Energiequellen in Deutschland lahmt, 25.000 Arbeitsplätze gingen verloren[14]

Im Zuge der Energiewende soll der Ökostrom-Anteil von 40 % in 2018 auf 65 % im Jahr 2030 steigen. Dieses Ziel ist sehr stark in Gefahr, weil der Ausbau der Windkraft in diesem Jahr nicht so richtig vorankommt. Experten gehen davon aus, dass die Gesamtleistung der Windkraftanlagen jährlich um mind. 4.000 Megawatt steigen muss, um das 2030er Ziel zu erreichen. Der Bundesverband Windenergie geht davon aus, dass 2019 lediglich 1.500 Megawatt Leistung hinzukommen.[15] Es gibt mehrere Gründe für diese Entwicklung:

1. Die Flächen für Windräder werden knapper.
2. Genehmigungsverfahren ziehen sich in die Länge.
3. Die Klagen gegen genehmigte Windparks nehmen zu.
4. In einigen Bundesländern gibt es strenge Abstandsregelun gen zu Wohnhäusern, z.B. in Bayern.

Der stellvertretende Hauptgeschäftsführer des Deutschen Industrie- und Handelskammertages (DIHK) beklagt, dass mit diesem Tempo die Ziele bei erneuerbaren Energien nicht erreicht werden können. Der DIHK fordert, die Planungs- und Genehmigungsverfahren zu beschleunigen und bundeseinheitliche Regelungen für die Abstandshaltung zu schaffen.[16]

Auch beim Solar-Ausbau hapert es. Ein weiterer Ausbau dieser günstigen Stromerzeugungsart ist nach Auffassung der Denkfabrik Agora nur möglich, wenn der „Ausbaudeckel“ von 52 Gigawatt abgeschafft wird. [17]

---

[14] Tagesschau 13.9.2019

[15] „Windkraft-Gipfel gegen die Krise“, Frankfurter Rundschau v. 05.09.2019, S. 14

[16] „Der Wind macht's“, Frankfurter Rundschau v. 29.08.2019, S. 15

[17] ebenda.

Merkmale der Energiewende in Deutschland

1. **Die EE-Umlage** übersteigt die Prognosen.
2. **Offshore-Falle** Offshore-Windenergie ist riskant und hat u.U. doppelte Kosten in Aufbau und Unterhaltung im Vergleich zu Onshore-Windenergieanlagen. Leitungsplanung der Regierung kann zu gigantischer Fehlinvestition werden.
3. **Pumpspeicher verfallen**. Verfügbar heute 70 Mio. kWh. Bedarf 2050: 20-40 Mrd. kWh. Investitionen der Konzerne gestoppt. Strategie mit Norwegen, keine bekannt. Grund: Ökostrom ist billiger. Am Ende wird Kernkraftlaufzeitverlängerung denkbar.
4. **Neue Gaskraftwerke mit 60% Wirkungsgrad** stehen **unrentabel** still, weil der Energiepreis an der Börse durch Ökostrom auf unter 5 Cent gesunken ist. Kommunen haben notwendige Investitionen in Gaskraftwerke gestoppt, weil unrentabel.
5. **Braunkohlekraftwerke rentabel auf Hochtouren mit 35 % Wirkungsgrad**. Sie gefährden mit größter Umweltverschmutzung Deutschlands Klimaziele.
6. **Gutachten der Monopolkommission** (v.12.09.2013) empfiehlt Übergang zur schwedischen Konzeption der Energiewende: Stromerzeuger werden dort per Gesetz verpflichtet, einen bestimmten Prozentsatz des hergestellten Stroms aus Erneuerbaren Energiequellen herzustellen. Der Prozentsatz steigt jährlich. Bei Nichterreichen drohen hohe Strafen. Der Mix der Erneuerbaren kann vom Erzeuger frei am Markt gewählt werden.
7. **Zusammensetzung des Strompreises für Haushalte**[18]
   am Beispiel eines Jahresverbrauchs von 2.500 bis 5.000 kWh.
   Bei den angegebenen Werten handelt es sich um mengengewichtete Mittelwerte zum Stichtag 1. April 2018 über alle Tarife in Prozent. Der Strompreis, den Sie als Kunde bei Ihrem Lieferanten bezahlen, ergibt sich aus folgender Kalkulation:

[18] Quelle: www.bundesnetzagentur.de

Strompreise für Haushalte 2018

- Kosten für die **Strombeschaffung** (Erzeugung oder Einkauf), den **Vertrieb** und **Gewinnmarge** (insgesamt 22,4 %)
- **Steuern** (22,9 %): diese beinhalten die Mehrwertsteuer (16 %) und die Stromsteuer (6,9 %)
- **Nettonetzentgelt** inklusive Abrechnung (23,0 %):
- **Messung und Messstellenbetrieb** (1,1 %): Entgelte für die Kosten der technisch notwendigen Mess- und Steuereinrichtungen (z.B. Zähler), die Ablesung und das Inkasso
- **Abgaben/Umlagen (30,7 %)**
  Diese **Umlagen beinhalten**:
  Konzessionsabgabe (5,4 %),
  Umlage nach dem Erneuerbare-Energie-Gesetz (EEG-Umlage) (22,7 %),
  Umlage nach dem Kraft-Wärme-Kopplungsgesetz (1,2 %),
  Umlage nach § 19 der Strom-Netzentgeltverordnung (1,2 %),
  Offshore-Haftungsumlage (0,1 %)
  Umlage für abschaltbare Lasten (0,1 %)

8. **Strom aus Erneuerbaren Energien 2018 erstmals über 40 %.**
   Der Strommix in Deutschland im Jahr 2018[19]
   40,3 % Erneuerbare Energien, davon
   20,4% Windenkraft
   8,4% Solar
   8,3% Biomasse
   3,1% Wasserkraft
   24,0 % Braunkohle
   13,5 % Steinkohle
   13,2 % Kernenergie
   8,1 % Gas
   0.9 % Andere Energieträger

[19] Quelle: Fraunhofer-Institut für solare energiesysteme, Januar 2019

3.2 Prioritäten für den Erfolg der Energiewende

Wir brauchen für die Energieversorgung der Zukunft eine konkrete Strategie mit Machbarkeitsnachweis und kontrollierbaren Meilensteinen. Die Prioritäten und wichtige Elemente dieser Strategie werden bei Hermann Scheer und aus den folgenden Ergebnissen der Studie von Olav Hohmeyer im Auftrag der Firma LichtBlick SE deutlich.

„LichtBlick SE, Studie 2050 Die Zukunft der Energie[20]
Zusammenfassung (S. 5)
In Weiterführung der Überlegungen und Analysen des Sachverständigenrates für Umweltfragen (SRU) kommt das Gutachten von 2010 zu folgenden Ergebnissen:
1. „Eine vollständige regenerative Stromversorgung für Deutsch land ist bis 2050 möglich und sicher.“ (S.6)
Das Zukunftsszenario (2.1.a) des Sachverständigenrates für Umweltfragen (SRU) basiert auf folgenden Annahmen für 2050: 500 TWh/a, d.h. wirksame Bedarfsminderung, volle Elektrifizierung des Individualverkehrs, 100% inländische Energieerzeugung, Nutzung norwegischer Pumpspeicherkapazitäten. Die LichtBlick Studie 2050 zitiert zu diesem Szenario: „Die Stellungnahme des Sachverständigenrates für Umweltfragen (SRU) zeigt auf der Basis von stündlichen Berechnungen, dass die gesamte Stromnachfrage in Deutschland spätestens in 2050 in jeder Stunde des Jahres vollständig durch regenerative Energien gedeckt werden kann.“.
2. „Eine Laufzeitverlängerung für Kernkraftwerke war oder der Neubau zusätzlicher Kohlekraftwerke ist völlig unnötig. (S.7)
Weder eine Laufzeitverlängerung für die deutschen Kernkraftwerke noch der Bau zusätzlicher Kohlekraftwerke über die bereits im Bau befindlichen Einheiten hinaus sind als Brücke in einer 100 Prozent regenerative Stromversorgung erforderlich.“

---

20 Im Auftrag der Firma LichtBlick SE Hamburg 2010 erstellt von Olav Hohmeyer, Professor der Universität Flensburg, hier ausführlich zitiert mit freundlicher Zustimmung von LichtBlick SE Hamburg, www.lichtblick.de (Hervorhebungen vom Verfasser)

3. „Der Restbetrieb konventioneller Kraftwerke verhindert eine vollständig regenerative Stromversorgung bereits zum Jahr 2030.“ (S.8)

Nur die Rücksichtnahme auf die 2024 noch in Betrieb befindlichen konventionellen Kraftwerke, denen in allen Rechnungen des Sachverständigenrates Laufzeiten von 35 Jahren zugestanden wurden, verhindere, dass nicht bereits im Jahr 2030 eine vollständig regenerative Stromerzeugung erreicht werde.

4. “Eine vollständig regenerative Energieversorgung ist langfristig die kostengünstigste Versorgungsvariante.“ (S.9 ff.)

In der Zwischenzeit rechnet der Sachverständigenrat mit um 1,5 – 3,5 Cent/kWh moderat erhöhten Strom-Herstellkosten (SRU, 2010 S. 52).

5. „Grundlastkraftwerke passen nicht zum Ausbau der regenerativen Stromversorgung. (S.11)

…. Ab einem bestimmten Anteil von Windenergie im System kommt es zu Nachfragesituationen, in welchen Kernkraftwerke trotz ihrer niedrigen Brennstoffkosten vom Netz genommen werden müssen, weil sie nicht mehr mit ihrer minimal erforderlichen Leistung produzieren können.

Kommt es zu einer Abschaltung eines Kernkraftwerks aufgrund der Unterschreitung dieser Schwelle, dauert es ca. 50 Stunden, bis dieses Kraftwerk wieder voll zur Verfügung steht.

Die Ergebnisse der LichtBlickstudie von Prof. Hohmeyer bedürfen ergänzender Berücksichtigung des inzwischen beschlossenen Kernenergieausstiegs und der Meldung der EU-Kommission von 2019, dass 7 der 10 größten Verschmutzer der Atmosphäre der EU deutsche Kohlekraftwerke und die Fluggesellschaft Ryanair seien.

Die folgende Abbildung zeigt: Die stilisierte Struktur eines Tageslastgangs und die Einspeisung aus nicht geregelten regenerativen Energiequellen (S.12). Diese Graphik verdeutlicht die Notwendigkeit der vernachlässigten Speicherung überschüssiger Wind- und Solarenergie und deren flexiblen Einspeisung aus Reserven sowie die Kombination mit hochflexiblen Erzeugungseinheiten, z.B. Gaskraftwerken.

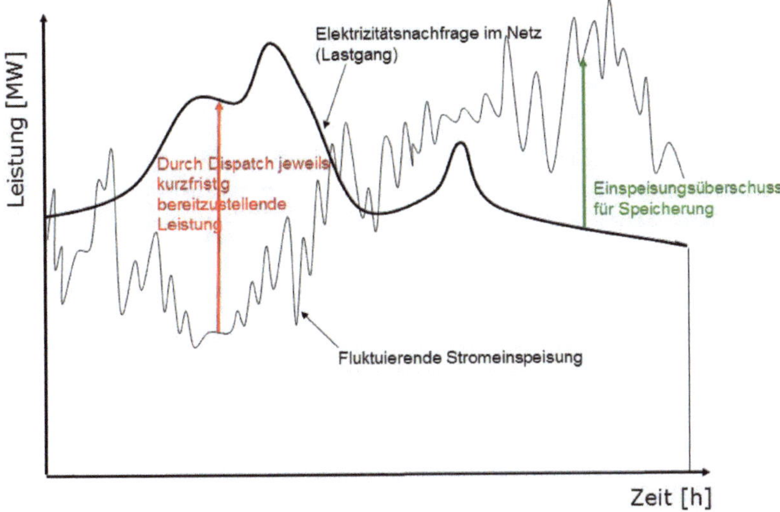

Quelle: SRU/Stellungnahme Nr. 15–2010/Abb. 4-24, S. 73

Die LichtBlickstudie kommt zu dem Schluss:

Konsequenter Ausbau der regenerativen Energiequellen zu einer 100 Prozent regenerativen Stromversorgung müsse flankiert sein, durch

- o den Ausbau von Speichermöglichkeiten besonders im Bereich der großvolumigen Pumpspeicher in Norwegen,
- o den Ausbau der Übertragungsnetze zwischen der deutschen Nordseeküste und den deutschen Verbrauchszentren,
- o den Ausbau der Übertragungsleitungen zwischen Deutschland und Norwegen zur Einbindung großer Speicherpotentiale und
- o die Förderung des dezentralen Ausbaus hochflexibler Erzeugungseinheiten zunächst auf Erdgas- und später auf Biogasbasis.“ Ergänzungen des Verfassers:
- o plus deutlicher Energieeinsparung durch energetische Sanierung von Wohnraum und erhöhten Elektrizitätsbedarf
- o für hohe CO_2-Einsparung durch forcierte Elektromobilität.

Positive und negative Beschäftigungseffekte, Exportchancen und Interessen der energieintensiven Industrie seien durch flankierende Maßnahmen in einem notwendigen politischen Gesamtkonzept auszubalancieren und lösbar. Darauf warten wir Mitte 2019 mit Ungeduld!

3.3 Deutschland muss voraussichtlich ab 2024 CO_2-Emissionsrechte von der 3.Welt kaufen, weil Deutschlands CO_2-Budget wahrscheinlich 2024 ausgeschöpft sein wird.

Deshalb brauchen wir staatliche Vorgaben dafür, wieviel CO_2-Emissionen jede Person oder Institution generieren darf, um das Gesamtziel nicht zu gefährden.

WBGU[21] schreibt: „Die von WBGU favorisierte, mit „Zukunftsverantwortung" bezeichnete Option legt ein globales Budget von 750 Mrd. t CO_2 für den Zeitraum 2010 bis 2050 zugrunde, bei dem eine Wahrscheinlichkeit von zwei Dritteln besteht, die anthropogene Klimaerwärmung auf 2° C zu begrenzen. Dieses wird den einzelnen Staaten anhand ihres Anteils an der Weltbevölkerung im Jahr 2010 zugeteilt."
WBGU fährt fort: „Für Deutschland ergibt sich entsprechend eines geschätzten Anteils von 1,2 % der Weltbevölkerung ein Budget von 9 Mrd. t CO_2 für den Zeitraum 2010 bis 2050 …
Die Bundesregierung strebt bis 2020 eine Senkung der Treibhausgasemissionen von 40 % und bis 2050 eine Senkung von 80-95 % im Vergleich zu 1990 an." … WBGU fügt hinzu: „Für den Fall linearer Senkung der Emissionen errechnet WBGU für den Zeitraum 2010 bis 2050 kumulativ 17 Mrd. Tonnen CO_2-Emissionen durch Deutschland. Unter der Option „Zukunftsverantwortung" stünde dem Land für den Zeitraum 2010 bis 2050 jedoch nur ein Budget von 9 Mrd. Tonnen CO_2 zu, das im Jahr 2024 überschritten würde. Diese Rechnung zeigt, dass Deutschland bei Beibehaltung seiner derzeitigen Ziele sein

[21] WBGU,Wissenschaftlicher Beirat der Bundesregierung Globale Umweltveränderungen, Sonderbericht, Kassensturz, Der Budgetansatz, 2009, S. 45

Kohlenstoffkonto ..-.. überzieht. Daher müsste Deutschland Technologie- und Finanztransfers leisten, um andere Länder bei ihrer Emissionsreduktion zu unterstützen oder auch Anpassungsmaßnahmen zu fördern sowie Verluste und Schäden zu kompensieren.“

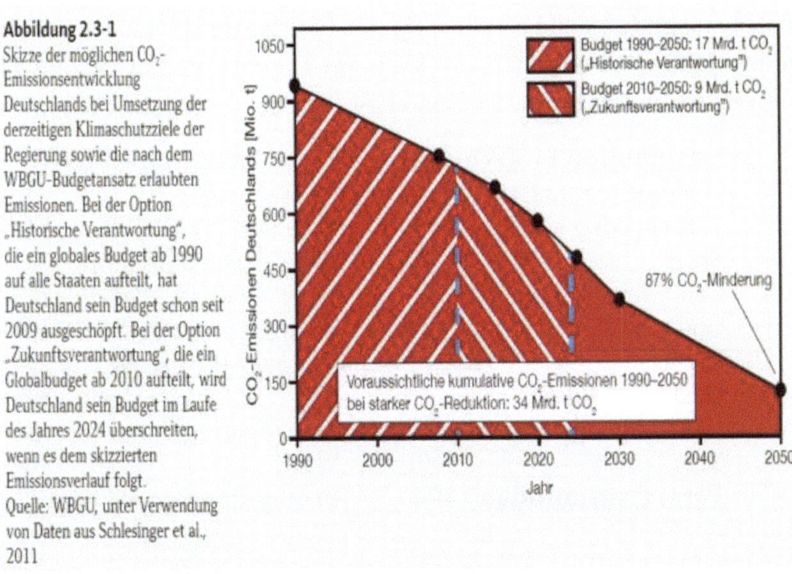

Abbildung 2.3-1
Skizze der möglichen CO_2-Emissionsentwicklung Deutschlands bei Umsetzung der derzeitigen Klimaschutzziele der Regierung sowie die nach dem WBGU-Budgetansatz erlaubten Emissionen. Bei der Option „Historische Verantwortung“, die ein globales Budget ab 1990 auf alle Staaten aufteilt, hat Deutschland sein Budget schon seit 2009 ausgeschöpft. Bei der Option „Zukunftsverantwortung“, die ein Globalbudget ab 2010 aufteilt, wird Deutschland sein Budget im Laufe des Jahres 2024 überschreiten, wenn es dem skizzierten Emissionsverlauf folgt.
Quelle: WBGU, unter Verwendung von Daten aus Schlesinger et al., 2011

3.4 Alle Europäer müssen ihre CO_2-Emissionen drastisch senken

David JC MacKay, schreibt dazu in seinem Buch „Sustainable Energy“[22], wieviel Energie wir im Durchschnitt bei welchen Aktivitäten (wie heizen, kochen, Auto fahren, fliegen) verbrauchen. Das Buch ist eine entscheidende Hilfe für individuelles Energiesparen. Dort erfährt man mit konkreten Zahlen und vielen Details z.B. dass Fliegen ähnlich viel Energie kostet wie allein im PKW reisen und dass Schiffsreisen energieintensiver sind als Fliegen, bis hin zum Energieverbrauch pro Person auf 100 km verschiedener Eisenbahnen bei unterschiedlicher Auslastung.

---

[22] David JC MacKay, Sustainable Energy, without the hot air, UIT Cambridge 2009, im Internet unter www.withouthotair.com. Frei verfügbar

Wir müssen ohne Aufschub anfangen, sehr viel weniger Auto zu fahren, zu fliegen, weniger in schwimmenden Hotels auf dem Meer hin- und herzufahren und weniger zu heizen. Dann wäre der größte Schritt getan. Dazu gibt MacKay jede Menge Fakten.

MacKay nennt folgende Struktur für den Energieverbrauch des Durchschnittsengländers von rund 190 kWh pro Tag und pro Person und die Möglichkeit diesen mit erneuerbarer Energie zu decken (S.103):

„Consumption in kWh/day/p		**Production in kwh/day/p**	
Defence (estimated)	4	Geothermal	1
Transporting stuff	12	Tide and Wave	15
Stuff	48	Wind Deep offshore	32
Food, farming, fertilizer	15	Wind shallow offshore	16
Gadgets	4	Hydro	1.5
Light	4	Biomass,Biofuel,Waste	24
Heating, cooling	37	PV	55
Jet flights	30	Solar heating	13
Car	40	Wind	20”
Total Consumption	**194**	**Production renewable**	**177.5**

MacKay liefert umfassende technische und wirtschaftliche Informationen, um unser individuelles Energiesparprogramm zu entwickeln und uns an entsprechenden Bürgerinitiativen aktiv zu beteiligen, auch im Internet frei verfügbar unter www.withouthotair.com . Damit verfügen wir über die notwendigen Informationen für verantwortungsvolles individuelles Energiesparen im täglichen Leben.

4 Bevölkerungswachstum bändigen mit Frauenpower[23]

Seriöse Prognosen begründen die Erwartung, dass die Weltbevölkerung von heute 7,5 Mrd. Menschen bis zur Mitte des Jahrhunderts um ein Drittel auf etwa 10 Mrd. ansteigen werde und dann in dieser Größenordnung zum Stillstand komme, wenn die Fertilitätsrate, die durchschnittliche Kinderzahl je Frau, als Folge verbesserter Lebensbedingungen in der dritten Welt dann deutlich sinke. Eine Annahme mit großer Ungewissheit, wenn man bedenkt, dass besonders für das von Krisen geschüttelte Afrika ein Bevölkerungswachstum von 1 Mrd. Menschen vorhergesagt wurde.
Reiner Klingholz[24] berichtet über neue Szenarien der Vereinten Nationen zur Bevölkerungsentwicklung auf der Grundlage aktuell sinkender Fertilitätsraten: „In hoch entwickelten Industriestaaten genügen im Mittel 2,1 Kinder für demografische Stabilität. In armen, wenig entwickelten Ländern liegt dieses "Ersatzniveau" zwischen 2,2 und 2,6 Kindern. …In etwa 90 (von weltweit rund 200) Ländern bekommen Frauen heute im Schnitt 2,1 Kinder oder weniger. … Über die Hälfte der Weltbevölkerung lebt bereits in Ländern, in denen die Geburtenrate nicht mehr bestandserhaltend ist. …. Fast überall in Europa bekommen die Menschen heute etwa ein Kind weniger als ihre Eltern und zwei weniger als ihre Großeltern. In Schwellen- und Entwicklungsländern haben Frauen sogar zwei bis drei Kinder weniger als in der Generation zuvor. In Brasilien ist die Zahl der Kinder je Frau in den vergangenen 30 Jahren von 4,3 auf 1,9 gesunken. In Bangladesch

---

23 www.zeit.de/2014/07/scenario - schrumpfende Weltbevölkerung; aufgerufen August 2019

24 Reiner Klingholz, Direktor des Berlin Instituts für Bevölkerung und Entwicklung., Sklaven des Wachstums – die Geschichte einer Befreiung im Campus Verlag und Le Monde *diplomatique*, Atlas der Globalisierung, Berlin 2019, Szenarien des Bevölkerungswachstums, S 44 ff.

von 6,6 auf 2,3. In der Türkei von 4,2 auf 2,0. In Extremfällen wie dem Iran sogar von 7 auf 1,8. ...Die bekanntesten Schätzungen für die künftige Zahl der Menschen stammen von der Bevölkerungsabteilung der Vereinten Nationen. Sie beinhalten meist drei Varianten, um Entwicklungsoptionen aufzuzeichnen. In den jüngsten Schätzungen gehen die UN in ihrer mittleren Variante davon aus, dass sich 2050 etwa 9,6 Milliarden Menschen den Globus teilen – 2,4 Milliarden mehr als 2014. Irgendwann in der zweiten Hälfte des 21. Jahrhunderts dürfte das Bevölkerungswachstum ein Ende haben. Viele der heute existierenden Erdenbürger können also erleben, wie das Bevölkerungswachstum seinen Scheitelpunkt erreicht.
Weitergehende Prognosen über 2050 hinaus sind mit erheblichen Unsicherheiten behaftet. Dennoch haben die Vereinten Nationen vor einigen Jahren erstmals einen weiten Blick bis ins Jahr 2300 gewagt. Die Demografen nehmen dabei an, dass sich das Leben der Menschen immer weiter verlängert, so dass sie bis 2300 im weltweiten Mittel 96 Jahre alt werden. Sie nehmen ferner an, dass in allen Ländern nach und nach die Kinderzahlen zunächst unter das Ersatzniveau fallen, sich dann aber auf einen Wert von 2,05 Kindern pro Frau einpendeln (das wäre unter den dann noch besseren Lebensbedingungen das neue Ersatzniveau). Bei diesem mittleren Szenario würde die Zahl der Menschen zu Beginn des 22. Jahrhunderts auf einem Niveau von etwa neun Milliarden verharren.
Alternativ haben die UN-Forscher noch ein hohes und ein tiefes Szenario berechnet: Die hohe Variante geht davon aus, dass sich die Kinderzahlen nach 2100 in allen Ländern bei einem Wert von 2,35 je Frau (dem heutigen Wert von Argentinien) einspielen, die niedrige Variante geht von 1,85 aus (dem Wert von Dänemark). Im ersten Fall leben 2300 rund 36 Milliarden Menschen auf der Erde – also fünfmal so viele wie heute. Im zweiten Fall schrumpft die Weltbevölkerung bis 2300 auf 2,3 Milliarden – also auf nicht mal ein Drittel des heutigen Wertes. Danach würde sich die Menschheit bis 2550 nochmals halbieren und damit auf den Stand des Jahres 1850 fallen."

In den oben zitierten Quellen erklärt Rainer Klingholz eingehend: Aktive Bevölkerungspolitik mit dem Schwerpunkt Bildung und Unabhängigkeit für Frauen ist dringend und erfolgversprechend zur Eindämmung einer Bevölkerungsexplosion, besonders in Afrika.

Weltweiter Wohlstand auf Westniveau ist unmöglich.

- Um der bis 2050 wahrscheinlich von 7 auf 10 Mrd. Menschen anwachsenden Weltbevölkerung einen Lebensstandard auf dem Niveau der westlichen Industrieländer zu ermöglichen, wären die Ressourcen von drei Globen notwendig. Wir haben aber nur einen.
- Die Weltgemeinschaft steht deshalb vor der Notwendigkeit, solidarische Kompromisse zu schließen und Abschied von kapitalistischen, dominant materiellen Wachstumszielen zu nehmen.
- Die reichen Länder werden deutliche Wohlstandseinbußen und Einschränkungen des Massenkonsums hinnehmen müssen.
- Denn seit 2010 übersteigt die jährliche Nachfrage nach nachwachsenden Ressourcen pro Kopf das Angebot um knapp 60%.
- Für fast 60% seines ökologischen Fußabdrucks beansprucht Deutschland Ressourcen des Auslands, besonders in Lateinamerika. Weiter so zerstören wir die Lebensgrundlagen junger Menschen und riskieren Kriege um Ressourcen.

Der Klimawandel und
eine labile Weltwirtschaft mit
global wachsender Ungleichheit
von Einkommen und Vermögen
ruinieren den Planeten + Staaten +
verursachen die **große Wanderung**.

5 Öko-Soziale Weltwirtschaft statt Ungleichheit in der Wachstumsfalle

5.1 Wachsende Ungleichheit zerstört Menschenrechte

Ein Oxfam-Bericht[25] belegt wachsende soziale Ungleichheit und fordert das Ende von Steueroasen. Soziale Ungleichheit nehme weltweit dramatisch zu. Inzwischen besäßen die 62 reichsten Einzelpersonen – vor einem Jahr seien es noch 80 gewesen – genauso viel wie die gesamte ärmere Hälfte der Weltbevölkerung. Oxfam fordert, das Geschäftsmodell der Steueroasen zu beenden und sehr hohe Vermögen stärker zu besteuern.

Das Gesamtvermögen der ärmeren Hälfte der Weltbevölkerung sei in den vergangenen fünf Jahren um rund eine Billion US-Dollar, (41 Prozent) gesunken. Gleichzeitig sei das Vermögen der reichsten 62 Personen um mehr als eine halbe Billion US-Dollar gestiegen. ... Dem Bericht zufolge drohe soziale Ungleichheit, die Fortschritte bei der Armutsbekämpfung zunichte zu machen.

„Ein Grund für diese Entwicklung ist die unzureichende Besteuerung von großen Vermögen und Kapitalgewinnen sowie die Verschiebung von Gewinnen in Steueroasen. Investitionen von Unternehmen in Steuerparadiesen haben sich zwischen 2000 und 2014 vervierfacht. Neun von zehn der weltweit führenden Großunternehmen haben Präsenzen in mindestens einer Steueroase. Entwicklungsländern gehen auf diese Weise jedes Jahr mindestens 100 Milliarden US-Dollar an Steuereinnahmen verloren. Die Verschiebung von Vermögen in Steueroasen durch reiche Einzelpersonen kostet alleine die afrikanischen Staaten jährlich rund 14 Milliarden US-Dollar. Damit ließe sich in

[25] https://www.oxfam.de/economy-1-percent

Afrika flächendeckend die Gesundheitsversorgung für Mütter und Kinder sicherstellen, was pro Jahr rund vier Millionen Kindern das Leben retten würde“.

„Wir leben in einer Welt, deren Regeln für die Superreichen gemacht sind. Nötig ist dagegen ein Wirtschafts- und Finanzsystem, von dem alle profitieren. Konzerne dürfen sich nicht länger aus ihrer Verantwortung stehlen. Sie müssen ihre Gewinne dort versteuern, wo sie sie erwirtschaften. Die Politik muss die Anliegen der Bevölkerungsmehrheit über die Interessen der Superreichen stellen. Sie muss die Steueroasen trockenlegen“, fordert Tobias Hauschild, Referent für Entwicklungsfinanzierung bei Oxfam.

Um die Interessen von Entwicklungsländern zu berücksichtigen, ist eine legitime zwischenstaatliche Steuerinstitution auf UN-Ebene erforderlich, die alle Länder umfasst.

Die Vereinten Nationen haben im September 2015 17 Ziele für Nachhaltige Entwicklung der Welt, Sustainable Development Goals (CDG), dokumentiert und beschlossen, die bis 2030 erreicht werden sollen. Die folgende Internetadresse führt für jedes genannte Ziel-Stichwort zu umfassender Informationsvielfalt mit Orientierung für die Mitwirkung an wesentlichen Zukunftsaufgaben. Der tief gegliederten Internetauftritt zeigt die Universalität des UN-Engagements.

UN-Ziele für Nachhaltige Entwicklung unterstützen

1 – 6	**7 – 12**	**13 – 17**
1. POVERTY	7. ENERGY	13. CLIMATE CHANGE
2. HUNGER + FOOD SECURITY	8. ECONOMIC GROWTH	14. OCEANS
3. HEALTH	9. INFRASTRUCTURE; INDUSTRIALIZATION	15. BIODIVERSITY, FORESTS, DESERTIFICATION
4. EDUCATION	10. INEQUALITY	16. PEACE, JUSTICE STRONG INSTITUTIONS
5. GENDER EQUALITY	11. CITIES	17. PARTNERSHIPS
6. WATER + SANITATION	12. SUSTAINABLE CONSUMPTION + PRODUCTION	

(Quelle zur Vertiefung: www.un.sustainable.development.goals)

Akute Bedrohungen erfordern Einsatz für die UN-Ziele (CDG)
Der amerikanische Evolutionsbiologe Prof. Jared Diamond warnt schon 2005 in „Kollaps“[26], Kinder und junge Erwachsene seien schon heute folgenden 12 Hauptgefahren unserer Umwelt und Gesellschaft ausgesetzt:

Umweltproblemen

1. Landverlust
2. Fischsterben, Waldsterben
3. Artensterben
4. Bodenerosion

Erschöpfung von

5. Primärenergie (Öl, Gas, Uran)
6. Süßwasser
7. Flächen für Photosynthese

Gesundheitsgefährdung durch

8. Industriegifte
9. Artenwanderung
10. Treibhausgase
11. Bevölkerungswachstum
12. Müllberge

Alle 12 Bedrohungen seien interdependent. Jede einzelne sei eine „komplexe Zeitbombe mit Zündeinstellung kleiner 50 Jahre.“ Das begründet unsere Verantwortung zu grundlegenden Änderungen!
Die Gefährdung des Trinkwassers durch Dürren, Großverbraucher und Gülle aus industrieller Landwirtschaft sowie die Vermüllung von Land und Meer und der Nachweis von Mikroplastik in der Arktis und im Blut von Säuglingen erfordern jetzt wesentliche Veränderung unseres Verhaltens. Der Spiegel entlarvt Deutschlands Recyclingmärchen als dramatische Irreführung und nennt folgende Zahlen über die

Weltweite Kunststoffproduktion 1950- 2015:[27] **gesamt 8,3 Mrd. t**

davon	insgesamt noch in Gebrauch	2,6	Mrd. t
	nach Gebrauch verbrannt	0,8	- „ -
	auf Mülldeponien etc. entsorgt	4,9	- „ -
	darin ein Recyclinganteil von	0,1	- „ -

[26] Jared Diamond, Kollaps, Warum Gesellschaften untergehen, Frankfurt/M 2010 Kapitel 16, S. 599 - 648
[27] Spiegel No.38 v.14.9.2019, S.66 f.; Quelle: Science Advances

5.2 Mit Öko-Sozialer Weltwirtschaft raus aus der Wachstumsfalle

Der sogenannte Freihandel ist in Wahrheit ein Existenzkampf großer Unternehmen, sehr oft Oligopolen also wenigen sehr Großen, die oft zu Hause „fein“, in der Ferne „gemein“, durch systematische weltweite Nutzung geringer Menschenrechts- und Umweltrechtsstandards kurzfristig Gewinne maximieren und in Steueroasen deren Versteuerung minimieren. Dieses Wirtschaftssystem vergrößert Ungleichheit und Ungleichgewichte bei gleichzeitiger Überforderung von Ressourcen, Umwelt und Menschen. Dieses von Helmut Schmidt als scheinheiliger Raubtierkapitalismus kritisierte System hat einerseits für viele Menschen Wohlstand gemehrt, aber zugleich eine große Zahl der Schwächeren vom Wohlstand rigoros ausgeschlossen. Dieses System mit seiner von Oxfam dokumentierten wachsenden Ungleichheit treibt die Menschheit in immer gefährlichere Krisen.

Wir brauchen deshalb eine andere, eine Öko-Soziale Weltwirtschaftsordnung für

- Solidarität statt Spaltung (des Nordens mit dem Süden)
- Mäßigung der Gier (z.B. von Banken, Autoherstellern, Mineralölkonzernen, etc.)
- Gleichgewicht zwischen Kapital und Arbeit (Verantwortung)
- Abbau der internationalen Steuerkonkurrenz (Luxemburg etc.)
- Abkehr von Exportüberschüssen (in D und VRC) und Budgetdefiziten (in USA)
- Mehr Kooperation statt Konkurrenz (Deutschlands Seehäfen)
- realistische Preise für notwendige Ressourcen (besonders CO_2)
- Weltfinanz- und Weltwirtschaftspolitik (statt Dominanz von Weltwährungsfonds und Weltbank)[28]

Dafür sprechen die folgenden Zahlen.

---

[28] Quelle: de Weck+ Stiglitz; vgl. Specht, Die Welt von morgen, S. 160 ff.

Dimensionen der Weltwirtschaft (Maddison, 1990)

	BIP 2005 in Bil. $	BIP 2050* in Bil. $	BIP-Steigerung in %	Bevölkerung in Mio 2005	Bevölkerung in Mio 2050*	Pro-Kopf-Eink. pro Jahr in $ 2005	Pro-Kopf Eink. pro Jahr in $ 2050*
USA	12,3	44,5	286	297	420	41.399	83.710
West-Eur.	11,8	18,8	159	397	391	29.227	49.854
China	9,4	44,5	470	1.316	1.418	7.204	31.357
Japan	3,9	6,9	177	128	100	18.983	66.805
Russland	1,6	5,9	369	142	118	11.041	49.646
Indien	1,1	27,8	2.527	839	1.601	1.400	17.366

* Prognose Quelle: Wikipedia

Handelsbilanz-Salden 2015 in Mrd. US-$

Überschuss		Defizit	
1. China	+ 567,0	1. USA	- 762,6
2. Deutschland	+ 287,9	2. Groß Brit.	- 182,9
3. Russland	+ 148,5	3. Indien	- 136,9
4. Südkorea	+ 122,3		
5. Niederlande	+ 84,5	6. Frankreich	- 26,7
6. Taiwan	+ 76,2	7. Spanien	- 24,1
8. Italien	+ 57,9	10. Griechenland	- 19,1
17Brasilien	+ 19,1	20. Portugal	- 10,3

Quelle: Wikipedia

Weil die Überschüsse der einen die Defizite und Schulden der anderen sind, halten führende Wirtschaftswissenschaftler wie Stiglitz und Piketty diese Ungleichgewichte für gefährlich. Das gilt besonders dann, wenn Weltwährungsfonds oder EU den Defizitländern nur Beistand bei Zahlungsschwierigkeiten gewähren, wenn diese zur Senkung ihrer

Exportpreise Löhne und Sozialleistungen reduzieren und dadurch in den wirtschaftlichen Abschwung getrieben werden. Dies ist zugleich eine Hauptschwäche der Eurozone, die durch diese Politik immer wieder an den Rand des Zusammenbruchs gerät. – Deutschland muss deshalb seine Inlandsnachfrage erhöhen insbesondere durch mehr Investitionen in Infrastruktur und bessere Löhne im Niedriglohnsektor.

Das Weltwirtschaftsethos und das Wirtschaftsethik-Programm der UN „Global Compact" mit UN-Lohn-Standards der ILO muss globale Norm und strafbewehrt werden.

Hessel und Morin schreiben[29] „Die Lösung heißt: globalisieren und entglobalisieren. … Was immer Globalisierung an Solidarität und kulturellem Reichtum bringt, soll gedeihen. Doch daneben muss lokale, regionale, nationale Eigenständigkeit weiterbestehen, wo sie wichtig ist. … Sodann müssen wir – und das gilt in erster Linie für uns selbst – dem Fetisch Wachstum abschwören. Wir müssen neu entscheiden, was wachsen und was schrumpfen soll. Wachsen sollen die umweltfreundlichen Energien, der öffentliche Verkehr, die soziale und solidarische Wirtschaft, Bildung, Kultur, menschlichere Verhältnisse in den Ballungszentren. Schrumpfen müssen die Agrar-, die Erdöl-, die Atom- und die Rüstungsindustrie, der nichtproduktive Zwischenhandel, eine Konsumindustrie, die keine Rücksicht mehr auf unsere Gesundheit nimmt, die Ökonomie des Überflusses und der Oberflächlichkeit, die Praxis der Verschwendung."
Reduziert werden muss auch die Massentierhaltung mit Einsatz von Antibiotika, weil das eine gefährliche Zunahme resistenter Keime verursacht. Experten warnen, dass die Todesfälle durch resistente Keime in 2050 weltweit die Zahl der Krebstoten übersteigen werde.

---

[29] Stéphane Hessel u. Edgar Morin, Wege der Hoffnung, Berlin 2011, S.12 f

6 Europa stärken für Freiheit und Zukunft mit Afrika

6.1 Konstruktionsfehler und Krisen der Eurozone[30]

Von demnächst 27 Staaten der Europäischen Union haben 19 Staaten trotz unterschiedlicher Wirtschaftsentwicklung den Euro als gemeinsame Währung, deren Stabilität durch die unabhängige Europäische Zentralbank (EZB) gesichert wird. Die wirtschaftlich schwächeren Mitgliedstaaten der Währungsunion erhalten dadurch niedrigere Zinsen auf internationalen Kapitalmärkten, weil das Inflations- und Abwertungsrisiko ihrer vormals schwächeren nationalen Währung überwunden ist. Mit diesem Vorteil verlieren die Schwächeren aber zugleich die Möglichkeit vergleichsweise geringe Produktivitätsfortschritte und Kostenanstiege durch Abwertung ihrer Landeswährung auf ihren Exportmärkten auszugleichen. Das bedeutet: Damit die schwächeren Volkswirtschaften der Eurozone nicht weiter zurückfallen, benötigt die Währungsunion wirksame Instrumente, um Konvergenz, das Aufholen der Wirtschaftsentwicklung der Schwächeren an die Entwicklung der Stärkeren, zu erreichen. Die dafür geschaffenen Instrumente sind verschiedene Fonds für Konvergenz, regionale und ländliche Entwicklung und ein Stabilitäts- und Wachstumspakt, der den Mitgliedstaaten Verschuldungsgrenzen vorgibt und Privatinvestitionen stimulieren soll. Das zielt erkennbar in die richtige Richtung und ist formal einwandfrei. Nur es ist von allem zu wenig und verdeckt den entscheidenden Defekt, dass die Währungsunion - anders als Regierungen föderaler Staaten - keine Zuständigkeit für Unionssteuern hat. Dadurch fehlt der Eurozone das mächtige Instrument, Industrie- und Regionalpolitik mit Hilfe von Steuern durchzusetzen.

Wir Deutschen sollten uns erinnern, dass die Bundesrepublik ihrem Grenzgebiet zur DDR und der „abgeschnürten" Exklave West-Berlin

---

[30] Angeregt von und zur Vertiefung vgl. Ulrike Hermann, Ein Euro, drei Krisen, in: Atlas der Globalisierung 2019, op.cit. S. 68 ff.

durch Steuervorteile zu bedeutenden Privatinvestitionen verholfen hat und diese benachteiligten Regionen dadurch vor dem Niedergang bewahrt hat. Der Export wurde durch Erstattung von Umsatzsteuer erfolgreich stimuliert. Und wir haben einen Länderfinanzausgleich. Diese langfristig harmonisierenden Instrumente fehlen der Eurozone.

Solange die Europäische Zentralbank für sehr verschiedene Konjunkturentwicklungen in den Teilregionen der Eurozone die Refinanzierungszinsen nicht deren Lage anpasst, sondern alle mit den gleichen Zinskosten belastet, und solange die Fiskal- und Steuerpolitik allein den Regierungen der Mitgliedstaaten vorbehalten bleibt, ähnelt die Eurozone geld- und finanzpolitisch einem Behinderten, der auf dem Holzbein (unflexibler Geldpolitik) hinkt und auf das zweite Bein (Wirtschaftsförderung mit Steuerpolitik) verzichten muss. Dieser Defekt behindert die Krisenprävention und die Bewältigung der großen Herausforderungen (wie Klimawandel, Migrationsprävention in Afrika, Brexit und Wettkampf der Systeme mit China etc.). Er schwächt das Wachstums- und Gestaltungspotential der Eurozone sowie der gesamten EU in einer Zeit, in der innere und äußere Feinde der EU stärker werden.

Drei weiter schwelende Krisen des Euros belegen die Dringlichkeit, die genannten Defekte der Eurozone zu beheben:

Die erste Krise entstand, dank niedrigerer Zinsen, durch in Griechenland, Portugal, Irland und Spanien in großem Stil sorglos aufgenommene und gewährte Kredite und den Zusammenbruch der US-Bank Lehman Brothers. Vorher solide finanzierte Staaten übernahmen deren Schulden, um insolvente Banken zu retten. Das trieb deren vorher intakte Staatsverschuldung in kritische Höhen und verursachte Finanzierungsengpässe in der Realwirtschaft.

Die zweite Krise erfolgte durch Kapitalflucht aus schwächeren Eurostaaten in stärkere, z.B. den Verkauf griechischer Staatsanleihen zum Kauf deutscher Staatsanleihen; beide auf Euro lautend. Das verschärfte die Finanzengpässe in den Krisenländern mit der Folge wirtschaftlichen Abschwungs. Die Hilfsprogramme der EU und des Weltwährungsfonds (IWF) nach Regeln des Neoliberalismus (Stabilitätspakt) forderten drastische Sparmaßnahmen mit Sozialabbau zur Senkung der Exportpreise. Es gab Finanzhilfen nur bei gleichzeitiger Zerstörung von Arbeitsplätzen. Eine Politik, die viele Betroffene und Volkswirte schockiert, weil sie maßgeblich zu 30% Arbeitslosigkeit und Perspektivlosigkeit der Jugend in Südeuropa und zum Zulauf zu antieuropäischen rechten Parteien beigetragen hat.

Die dritte Krise wurde verursacht und wird mit Stolz aufrechterhalten durch deutsches Lohndumping, ein staatlich bezuschusstes Wachstum des Niedriglohnsektors, dass Deutschland erhebliche Kostenvorteile im Export zu seinen europäischen Nachbarn verschafft. Bei Fortbestand der DM wären jährliche Exportüberschüsse Deutschlands von 100 Mrd. Euro allein mit England, Italien und Frankreich nicht möglich gewesen, weil solche Ungleichgewichte durch Aufwertung der DM abgebaut worden wären.

In seinem Buch, „Europa spart sich kaputt“, zeigt Joseph Stiglitz[31], wie die Gemeinschaftswährung die Zukunft Europas bedroht: Die gegenwärtige Struktur der EU und ihre Austeritätspolitik genannten Sparvorgaben verursachen Investitionsstau, mit Jugendarbeitslosigkeit und Sozialabbau, besonders in den wirtschaftlich schwächeren Ländern und spalten die Eurozone in exportstarke Gewinner mit zusätzlichen Arbeitsplätzen aus Exportüberschüssen und exportschwache Verlierer mit Arbeitsplatzverlusten und sozialem Abstieg.

Joseph Stiglitz belegt faktenreich, warum die Austeritäts-/Sparpolitik Europas Einheit gefährdet und das europäische Wirtschaftswachstum schmälert. Er kritisiert, dass maßgebliche europäische Politiker und die Europäische Zentralbank, trotz anhaltend großer Arbeitslosigkeit in den Krisenländern, ihre fehlgeleitete Politik weiterhin als

[31] Joseph Stiglitz, Europa spart sich kaputt, Warum die Krisenpolitik gescheitert ist und der Euro einen Neustart braucht, München 2016; Titel der englischen Originalausgabe: The Euro, How a Common Currency Threatens the Future of Europe

„alternativlos“ darstellen. Stiglitz entlarvt die gegenwärtige Struktur der Eurozone trotz Nachbesserungen als instabil, für Verlierer enttäuschend und insgesamt wachstumshemmend. Es gebe nur drei Wege aus der Krise: „Erstens eine grundlegende Reform der Eurozone und der Auflagen, die den Krisenländern gemacht werden; zweitens eine geregelte Auflösung der europäischen Union; oder drittens die Etablierung eines neuen Eurofinanzsystems des flexiblen Euro“[32]. Als flexiblen Euro bezeichnet Stiglitz die Möglichkeit der EZB, ihre Maßnahmen nach unterschiedlicher Wirtschaftsentwicklung einzelner Mitgliedsländer zu differenzieren.

Stiglitz[33] beanstandet wissenschaftlich nicht begründete falsche Diagnosen und Beruhigungsformeln, die eine zukunftsfähige Lösung verhindern, mit folgenden Worten: „Führende europäische Politiker haben erkannt, dass sich die Probleme Europas nicht ohne Wachstum lösen lassen. Aber sie haben nicht erklärt, wie Wachstum durch sparen erreicht werden soll. Vielmehr beteuern sie, es komme darauf an, Vertrauen wiederherzustellen. Aber Austerität erzeugt weder Wachstum noch Vertrauen. Europas trauriger Rekord an gescheiterten politischen Programmen hat das Vertrauen untergraben – nach wiederholten Versuchen, Lösungen für fehldiagnostizierte wirtschaftliche Probleme dilettantisch zusammenzuschustern.“

Stiglitz warnt, dass das europäische Einigungswerk in Gefahr sei und es verdiene gerettet zu werden. Er hat erläutert, dass bestimmte Reformen der Eurozone notwendig sind und Erfolg versprechen. Auf über 500 Seiten begründet er die Notwendigkeit einer Vergemeinschaftung der Schulden[34], der Bankenunion und eines Solidaritätsfonds für Stabilisierung als Voraussetzung für Wachstum für alle,

---

[32] Joseph Stiglitz, Europa op.cit., Klappentext und das Reformprogramm, S.295-330.

[33] Joseph Stiglitz, Europa op.cit., S.322

[34] Die gegenwärtig praktizierte Geldschwemme durch die EZB dürfte sich, sobald die Kreditblase platzt, als unkontrollierte Vergesellschaftung der Schulden erweisen, nur leider ohne den gewünschten Beschäftigungseffekt.

auch in Krisenländern, und solidarischen Zusammenhalt der EU.

Anders die Bundesregierung: Sie missachtet zum Schaden der Partner das gesetzlich vorgegebene Ziel des Außenhandelsgleichgewichts. Sie sendet zum falschen Zeitpunkt die „alarmierende Botschaft", Berlin wolle die deutschen Zahlungen an die EU künftig auf 1% des BIP begrenzen.[35] Selbst, wenn das trotz Brexit machbar sein sollte, klingt diese „nackte" Ankündigung im Moment der Gefahr gefährlich nach „Germany first" und Desinteresse an Reformen zum Erhalt der EU.

6.2 Die Eurozone gegen neue Gefahren sichern

Zu viele Bürger haben Grund zu zweifeln, ob die EU ihnen in kommenden Stürmen gute Arbeit mit fairem Auskommen bieten wird. Schon vor dem Heraufziehen ungewisser Veränderungen durch Brexit, Trump-Wahl und einen bevorstehenden Digitalisierungssprung schrieb Weidenfeld[36]:
„Einen Aufbruch aus der „zweiten Eurosklerose" kann nur vermitteln, wer die Kunst der großen Deutung beherrscht. Am Beginn steht die Globalisierung mit ihren dramatischen Konsequenzen für jeden Einzelnen. ..-.. Nur die Union kann schlüssige Antworten liefern, nur die Gemeinschaft ist stark genug, den einzelnen Staaten Schutz, Ordnung und Individualität zu garantieren. Europa hat das Potential zur Weltmacht. Allerdings muss dieses Potential angemessen organisiert und mit dem Geist europäischer Identität erfüllt werden. Eine solche Großtat kann das gleiche Europa erbringen, das heute den großen Herausforderungen verunsichert gegenübersteht."
Weidenfeld zitiert Habermas, der gemeint habe, Europas Probleme seien durch eine „normativ verkümmerte Führungsgeneration" geschaffen. Eine kreative, strategisch denkende Politik-Generation sei in

---

35 Quelle: Der Spiegel No.39. vom 21.9. 2019, S 41

36 Weidenfeld, Werner, Die Europäische Union, Akteure – Prozesse – Herausforderungen, München 2013, S. 212 f.

der Lage, ein „Europa der Bürger" zu schaffen. Dazu sei nur eine entsprechend „strategisch orientierte Führung" notwendig, dann entstehe das bürgernahe Europa. „Diese Aufgabe rechtfertigt jeden Aufwand an Phantasie und Kreativität. Europas Politik muss also mit dem Konzept eines„Europa der Bürger"das Erklärungsdefizit eliminieren."
Bedenken wir: Albert Schweitzer hat 1917 in „Verfall und Wiederaufbau der Kultur" zutreffend geschrieben, wenn die Interessen der Einzelnen dominieren und geistige Führung fehle, komme das Gemeinwohl unter die Räder und die Gesellschaft werde unfähig, ihre Probleme zu lösen. Um das gemeinsam zu vermeiden, kommen wir jetzt zu Projekt- und Maßnahmenvorschlägen der Heinrich Böll Stiftung.

(1) Schlüsselprojekte für Vollbeschäftigung der Eurozone
„Die Einigung Europas lahmt. Um sie wieder in Schwung zu bringen, sollte die EU auf Schlüsselprojekte setzen, an denen der Mehrwert europäischer Zusammenarbeit deutlich wird, - Projekte, die die einzelnen Mitgliedsländer nicht umsetzen können. ..-.. Solidarität und Stärke können als Leitmotiv dienen, um wieder Kurs auf ein vereinigtes Europa zu nehmen."[37]
Die Heinrich Böll Studie:[38]nennt folgende Schlüsselprojekte:

- „Eine Wirtschaftsunion, flankierend zu Währungsunion, die insbesondere Krisenländern die Chance eröffnet, nachhaltig zu wachsen
- Ein „Green Deal" für Europa, der durch massive Investitionen in die ökologische Modernisierung der Infrastruktur sowie in Bildung und Wissenschaft eine neue ökonomische Dynamik auslöst
- Eine europäische Gemeinschaft für Erneuerbare Energien (E-RENE) soll die politischen Rahmenbedingungen für den Ausbau-Erneuerbarer Energien gewährleisten
- Ein gesamteuropäisches Verbundnetz für Strom aus Erneuerbaren Energiequellen, dass es erlaubt, Windstrom der Küsten, Solarstrom

[37] www.boell.de/zukunft-der-eu und Heinrich Böll Stiftung, Hrsg., Europa Band 6, Solidarität und Stärke, Zur Zukunft der Europäischen Union, Berlin 2011
[38] Heinrich Böll Stiftung, Europa Band 6, op.cit.; mit umfassender Vertiefung der wichtigen Zukunftsperspektiven und -chancen, S.12 ff.

aus dem Mittelmeerraum und Bioenergien aus den großen Agrarregionen miteinander zu verknüpfen

- Ein Ausbau der transnationalen Schienennetze und eine Modernisierung der öffentlichen Verkehrssysteme in der EU, um attraktive, preisgünstige und umweltfreundliche Alternativen zum Straßenverkehr zu schaffen
- Eine nachhaltige Agrarpolitik, die die Vielfalt der Landwirtschaft in Europa stützt, die Wertschöpfung im ländlichen Raum stärkt, Biodiversität fördert und eine faire Zusammenarbeit mit den Entwicklungsländern sicherstellt
- Ein Europa des sozialen Fortschritts, in dem die EU ihre Rolle als Vorreiterin für Chancengleichheit und gleichberechtigte Teilhabe spielt. Das insbesondere mit Blick auf die Teilhabe und Aufstiegschancen von Jugendlichen, Frauen und Immigranten."

Die obigen Vorschläge halte ich für zukunftsentscheidend für die EU und als strategische Orientierung für richtig. Die folgenden im Prinzip ebenfalls überzeugenden Empfehlungen bedürfen jedoch nach meiner Meinung ergänzender Stabilitätsbedingungen. Bei der Böll Stiftung heißt es weiter:

- „Eine wertorientierte Außen- und Sicherheitspolitik, die als gelebtes Beispiel für überstaatliche Zusammenarbeit dazu beiträgt, dass sich die Welt im Geiste internationaler Zusammenarbeit entwickelt. Das erfordert eine stärkere Rolle der Kommission und des Europäischen Parlaments in der Außen- und Sicherheitspolitik
- Eine Erweiterungs- und Nachbarschaftspolitik, die Demokratie und Menschenrechte als Maßstab für Zusammenarbeit nimmt und systematisch die demokratische Zivilgesellschaft in der Nachbarschaft stärkt. Die EU muss zu ihrem Versprechen stehen, dass alle europäischen Staaten beitreten können, soweit sie die politischen und wirtschaftlichen Voraussetzungen für eine Mitgliedschaft erfüllen" (Zitat Ende).Diese letzten zwei Absätze halte ich für eine sehr ehrenwerte Theorie, die eine unzulässige Übervereinfachung der Wirklichkeit darstellt, weil sie zwei Stabilitätsbedingungen außer Acht lässt.

Die erste Stabilitätsbedingung ist, dass die EU zuerst ihren eigenen Süden durch solidarische Überwindung der Jugendarbeitslosigkeit sanieren muss. Rettung von Banken auf Kosten der Jugend verstößt gegen unsere konstitutionellen Pflichten zur Wahrung der Menschenwürde.
Und vor weiteren Beitritten müssen Systemschwächen behoben werden, damit weitere Erweiterungen nicht zum Kollaps der Union führen. Das heißt, die Euroländer müssen sich vorher auf Regeln für eine gemeinsame Wirtschafts- und Fiskalpolitik einigen, und die Europäische Union muss eine gemeinsame Außenpolitik entwickeln.

(2) Die Stabilität des Euro erfordert einen neuen Vertrag mit Wachstumsstrategie, solidarischer Finanzierung und demokratischer Kontrolle

Kerneuropa, zumindest Frankreich und Deutschland mit einigen anderen Ländern, die mit vorangehen wollen, müssen jetzt in der Stunde der Gefahr des Auseinanderbrechens eine finanziell starke, zu schnellem und solidarischem Handeln fähige Einheit vollenden.
Bei Joseph Stiglitz und der Heinrich Böll Stiftung[39] finden Sie viele Gründe und umfassende Vertiefungen zu dieser Schlussfolgerung. Hier erwähne ich die entscheidende Begründung von Piketty:
Mit massiver Senkung seiner Inlandsnachfrage und jährlichen Außenhandelsüberschüssen in einer Größenordnung von 6% des BIP (der inländischen Gesamtproduktion) verfolge Deutschland eine Strategie, die sich nicht auf die ganze EU ausdehnen lasse, (weil jeder Überschuss des einen ein Defizit eines anderen ist). Mit seinen Außenhandelsüberschüssen könne Deutschland innerhalb von 5 Jahren im Wert von 800 Mrd. Euro die vierzig umsatzstärksten Aktiengesellschaften

---

[39] Joseph Stiglitz hat auf 526 Seiten dokumentiert: „Europa spart sich kaputt. Warum die Krisenpolitik gescheitert ist und der Euro einen Neustart braucht.“ Das Buch bietet mit beeindruckender Hingabe die bestechende Sachlichkeit und Klarheit, die alle benötigen, die für die Zukunft Europas denken und arbeiten. Der Studienbericht der Heinrich Böll Stiftung, Europa, Solidarität und Stärke, zur Zukunft der Europäischen Union, Band 6 von 2011 verdient als „Reiseführer“ in eine gute Zukunft der EU ebenfalls hervorgehoben zu werden.

Frankreichs aufkaufen. Piketty fährt wörtlich fort: „Und die Währungsunion kann mit einem Ungleichgewicht dieser Art nicht richtig funktionieren. Frankreich und Deutschland brauchen im Gegenteil ein starkes und einiges Europa, das in der Lage ist, die Kontrolle über einen außer Rand und Band geratenen globalen Finanzkapitalismus zurückzugewinnen. Dazu ist ein neuer europäischer Vertrag nötig, der sich auf eine Wachstumsstrategie, eine gemeinsame öffentliche Schuld und eine Vereinigung der nationalen Parlamente derjenigen Länder gründet, die auf diesem Weg vorangehen wollen."
Piketty fährt fort[40]: „Eine konkrete Lösung könnte sein, eine neue Haushaltskammer der Eurozone zu schaffen, in der die Finanz- und Sozialausschüsse des deutschen Bundestages, der französischen Nationalversammlung und derjenigen Länder vertreten sind, die auf einem solchen Weg vorangehen wollen. Ein Finanzminister der Eurozone an der Spitze eines europäischen Schatzamtes wäre gegenüber dieser Kammer verantwortlich. Dies wäre die Keimzelle einer europäischen Bundesregierung. ..-.. Entgegen einer verbreiteten Vorstellung liegen solche Neuerungen durchaus in Reichweite."

Es ist dringend, in dieser Richtung voranzukommen. Der Wirtschafts-Nobelpreisträger Stiglitz[41] warnt zu Recht: „Europa spart sich kaputt," und nennt die Bedingung, die das Scheitern des Euro verhindern kann: Vollbeschäftigung in allen Mitgliedsländern und begründete Aussicht auf ein gesichertes Alter. Es ist Zeit, das überzeugend zu regeln. Stiglitz behandelt präzise die dafür notwendigen Veränderungen.

6.3 „Wer Europa bewahren will, muss Afrika retten."

Das schreibt Asfa-Wossen Asserate in seinem Buch „Die neue Völkerwanderung". Das Buch dokumentiert, wie Europa systematisch unter dem Deckmantel von Partnerschaftsabkommen und Freihandel

[40] Thomas Piketty, Die Schlacht um den Euro, München 2015, S. 122

[41] Joseph Stiglitz, Europa spart sich kaputt, München 2016, S.128 ff.

Afrikas Wirtschaft ruiniert, die Migration anheizt und Bedingungen zementiert, durch die sich Afrika und Europa gemeinsam in den Abgrund reißen werden, wenn Europa seine Afrikapolitik nicht grundlegend ändert. Die wichtigsten von Asserate vorgelegten Fakten sind folgende[42]: Europas Agrarindustrie überflutet mit stark subventionierten Produkten deutlich unter Herstellkosten die afrikanischen Märkte. 40% des EU-Haushaltes fließen als Subvention in die Landwirtschaft. Diese Subventionen waren ursprünglich zur Sicherung der Ernährung der europäischen Bevölkerung gedacht. Inzwischen sind sie Instrument eines ruinösen globalen Wettbewerbs, in dem die Landbevölkerung in Entwicklungsländern ihrer Existenzgrundlagen beraubt und aussichtslos zur Flucht getrieben wird. Das belegen folgende Beispiele aus Asserates Dokumentation: In Westafrika stieg der Import an Geflügelteilen, die in Europa nicht gefragt sind, in den letzten 5 Jahren von 200.000 Tonnen auf das Dreifache, 600.000 Tonnen. – In Burkina Faso brach die Milcherzeugung zusammen, weil die Molkereien auf billigeres Milchpulver aus Europa umstellten. – In Ghana sind die Märkte mit Tomatenkonserven aus Italien überfüllt. Das Land importiert z.Zt. 50.000 Tonnen Tomatenmark. In Italien sind folglich 46.500 Kleinbauern aus Ghana gestrandet. Dort ernten sie schlecht bezahlt die Tomaten, die zu Hause ihre Existenz vernichten. – In der Fischerei sieht es nicht besser aus. Die EU zahlt 60 Mio. € für unbegrenzte Fangrechte vor afrikanischen Küsten und westliche Schiffe fangen – nach Auskunft betroffener Fischer – in einer Nacht so viel wie heimische Fischer in einem Jahr. Das ist doch erkennbar das Gegenteil von Fairem Handel, den die UN im Geist der Partnerschaft in der „Agenda 2030" in Paragraph 30 mit folgendem Text verlangt: „Die Staaten werden nachdrücklich aufgefordert, mit dem Völkerrecht und der Charta der Vereinten Nationen nicht im Einklang stehende einseitige Wirtschafts-, Finanz- oder Handelsmaßnahmen, die der vollen Verwirklichung der wirtschaftlichen und sozialen Entwicklung, insbesondere in

[42] A.-W. Asserate, Die neue Völkerwanderung, op.cit. S.168-172

den Entwicklungsländern, im Wege stehen, weder zu erlassen noch anzuwenden.“[43]

Dazu ist erforderlich:

- dass wir Frankreich und Italien, die wie wir große Nettozahler der EU sind, solidarisch stärken.
- Schon jetzt beginnend, aber nach der Konsolidierung des Südens der EU intensivierend, müssen wir uns als solidarische Partner qualifizieren und helfen, den Nachbarkontinent Afrika wirtschaftlich und politisch zu stabilisieren.
- Die EU muss ihre Afrikapolitik grundlegend und wirksam zu Fairem Handel im Sinne der Agenda 2030 der UN ändern!
- Afrika ist reich an Ressourcen, Land und Energie, aber in weiten Teilen schwach und korrupt. Afrika braucht Unterstützung zur Entwicklung der Energieversorgung mit Erneuerbaren Energien.
- Ohne Überwindung extremer Armut in Afrika wird wegen des Bevölkerungswachstums der gegenwärtige Migrationsdruck auf Europa dramatisch zunehmen, besonders der Ansturm der Armuts- und Klimaflüchtlinge.
- Mit „weiter wie bisher“ werden wir Afrika an China und/oder Indien verlieren, die in großem Stil in Afrika Land kaufen.

Als Orientierung für positive Veränderung will ich berichten, was die International Energy Agency (IEA) in ihrem World Energy Outlook 2014 zu Afrika schreibt und was der Afrikakenner Seitz darüber berichtet, wie man Afrika wirklich helfen kann.

Energie für die Zukunft von Sub-Sahara-Afrika

Die Bevölkerung der Länder südlich der Sahara, von heute ca.1,3 Mrd. Einwohnern, könnte bis 2050 um 1 Mrd. Menschen wachsen.[44]

---

[43] A.-W. Asserate, op.cit. S. 168
[44] Quelle: Wikipedia

Die IEA[45] berichtet: „Geschätzte 620 Millionen Menschen in Sub-Sahara-Afrika haben keinen Zugang zu Elektrizität. Rund 720 Millionen Menschen in der Region sind auf Biomasse zum Kochen und Heizen angewiesen mit fast 600.000 vorzeitigen Todesfällen jährlich wegen ineffizienter Herde mit Rauchentwicklung in den Wohnräumen. (Weltweite Zahlen zu Air Pollution vgl. S.44 und S.103 d. Verf.) Sub-Sahara-Afrika hat 13 % der Weltbevölkerung, aber nur 4 % der Weltenergienachfrage (mehr als die Hälfte davon Biomasse). Die Region ist reich an Energieressourcen, aber diese sind weitgehend unerschlossen. Fast 30 % der Gasentdeckungen der Welt in den letzten fünf Jahren wurden in der Region erzielt. Sie verfügt auch über reiche Reserven an erneuerbarer Energie, insbesondere Solar- und Wasser- aber auch Wind- und geothermische Energie.
Das Sub-Sahara-Energiesystem ist im Begriff, sich schnell zu entwickeln, aber die vielfältigen Herausforderungen werden nur teilweise bewältigt werden. Die Wirtschaft der Region wird bis 2040 auf das Vierfache wachsen, die Bevölkerung wird auf das Doppelte wachsen und die Energienachfrage nur um 80 % steigen. Die Stromerzeugung wird sich vervierfachen und die Hälfte dieses Wachstums wird von erneuerbaren Energien kommen. Damit werden die Voraussetzungen entstehen für Versorgungsnetze im ländlichen Raum. Insgesamt werden ungefähr eine Milliarde Menschen Zugang zu elektrischem Strom erhalten, aber immer noch eine halbe Milliarde Menschen wird 2040 weiterhin ohne Strom leben.

Die Ölförderung von Nigeria, Angola und einigen kleineren Fördergebieten im Osten wie Mosambik und Tansania machen die Region weiterhin zu einem bedeutenden Zentrum der Weltölproduktion. Der Energiesektor der Region kann also mehr für die Gesamtentwicklung der Region leisten als bisher.“

---

[45] www. IEA.World.Energy-Outlook 2040, S. 6

Wer die Menschen, Kultur und Probleme unseres Nachbarkontinents Afrika fundiert verstehen möchte, z.B. um Partnerschaft zu sichern, kann dies mit der Lektüre von vier herausragenden Büchern von den Autoren Asfa-Wossen Asserate, Axelle Kabou, Ryszard Kapuściński und Volker Seitz[46] nach meiner Meinung zuverlässig erreichen:

Asfa-Wossen Asserate ist in Addis Abeba geboren, Großneffe des letzten äthiopischen Kaisers Haile Selassie; er arbeitet als Unternehmensberater für Afrika und den Mittleren Osten und ist Autor zahlreicher Bestseller. Axelle Kabou ist Kamerunerin, in Douala geboren, hat in Paris Anglistik und Ökonomie studiert und in UNO-Projekten in Afrika gearbeitet. Ryszard Kapuściński ist polnischer Journalist, der mit Peter Scholl-Latour vergleichbar 40 Jahre lang aus eigenem Erleben von den Brennpunkten der Krisen in Afrika und der Sowjetunion berichtet hat. Volker Seitz war von 1965 bis 2008 für das Auswärtige Amt bei der EU und in mehreren Ländern Afrikas u.a. als Botschafter tätig. Alle vier Autoren zeichnet eine profunde Professionalität und Ehrlichkeit der Analyse und Berichterstattung aus. Ich erwähne dies, weil wir erkennen müssen, dass die bevorstehende Katastrophe Afrikas zu den großen Herausforderungen für die EU werden wird.

Eine radikale Änderung der Entwicklungshilfe fordert Volker Seitz übereinstimmend mit Axelle Kabou. Ich nenne im Folgenden nur die Überschriften seiner ausführlich begründeten Forderungen (S.173-202):

- [46] Asfa-Wossen Asserate, Die neue Völkerwanderung, Wer Europa bewahren will, muss Afrika retten, Berlin 2016
- Axelle Kabou, Weder arm noch ohnmächtig, Eine Streitschrift gegen schwarze Eliten und weiße Helfer, Basel 1995
- Ryszard Kapuściński, Afrikanisches Fieber, Erfahrungen aus vierzig Jahren, München 2007 und
- Volker Seitz, Afrika wird armregiert oder Wie man Afrika wirklich helfen kann, München 2009.

- „Ein Rechnungshof für Entwicklungshilfe ist notwendig
- Entwicklungspolitik muss Teil der Außenpolitik werden
- Internationale Projekte bedürfen besonderer Führungseffizienz und Kontrolle (S. 173)
- Die Landwirtschaft muss unterstützt werden (S. 176)
- Die kleinen Leute müssen (nicht als Objekte von Großbank-Marketing) sondern nach fairen Regeln von Mohammad Yunus mit unterstützender Beratung gefördert werden (S. 179)
- Die Frauen als wahre Leistungsträger müssen unterstützt werden (S. 181)
- Friedenseinsätze müssen professioneller organisiert werden (S. 185)
- Die Hochschulbildung muss verbessert werden (S. 187)
- Die Kultur Afrikas muss einen anderen Stellenwert bekommen (S. 189)
- Wir müssen die Länder unterstützen, die eine gute Regierungsführung haben (S. 192)
- Wir müssen auf zukunftsorientierte Partnerschaften setzen (S. 195)
- Sechs Wahrheiten zur Entwicklungshilfe: (1) Malaisen in Afrika dürfen nicht schöngeredet werden. (2) Erfolg muss überprüft werden. (3) Auch die Arbeit von Nichtregierungsorganisationen sollte regelmäßig überprüft werden. (4) Wir sollten so wenig Geld wie möglich und nur so viel wie dringend nötig fließen lassen. (5) Eine schlechte Regierungsführung muss Folgen haben. (6) Die Schlüsselrolle im Kampf gegen Armut müssen die afrikanischen Regierungen selbst übernehmen (S.199-202).

Die z.Zt. wohl umfassendste und aktuellste Studie zur dringenden Schaffung von Arbeitsplätzen in Afrika stammt von Till Altenburg vom Deutschen Institut für Entwicklungspolitik (d.i.e.). Ihr Titel ist: Arbeitsplatzoffensive für Afrika, Bonn 2017.

7 Einsicht und Weitblick im Wettkampf der Systeme statt Krieg um Ressourcen

7.1 Der Abkehr Russlands und der USA von der atomaren Abrüstung mit Klugheit entgegenwirken

„Frieden oder Krieg, Russland und der Westen - Eine Annäherung“
So heißt das Buch von Fritz Pleitgen und Michael Schischkin[47], das die Einsicht vermittelt, gutnachbarliche Verständigung mit dem heutigen Russland sei wegen grundverschiedenen Staatsverständnisses fast unmöglich und doch wegen eines auf einander angewiesen Seins für die Vermeidung von Krieg notwendig. Pleitgen mit langjähriger Erfahrung als Korrespondent in Washington, Moskau und Ostberlin kommt zu dem Schluss:
„Der Westen ist Russland haushoch überlegen, allein im militärischen Bereich um ein Dutzendfaches. Ähnlich ist der Vorsprung in der Wirtschaft; von der gesellschaftlichen Entwicklung ganz zu schweigen. (S.370) … Die Beziehungen zwischen Russland und dem Westen haben einen unerträglichen Tiefstand erreicht. Mit dieser Entwicklung hätte ich nach Moskaus Zustimmung zur deutschen Einheit und zur NATO-Mitgliedschaft des vereinten Deutschlands nicht gerechnet. ….
Viele schwere Krisen dieser Welt könnten bewältigt werden, wenn Russland und der Westen vertrauensvoll zusammenarbeiteten. Für das schlechte Verhältnis mache ich mehr den Westen als Russland verantwortlich. Wir haben die stärkere Position und wir hätten uns mehr in die Lage der anderen Seite versetzen müssen, um nicht aus Fahrlässigkeit kapitale Fehler zu begehen. Die ersten verhängnisvollen Schritte sind von unserer Seite gemacht worden.“ (S. 274 f.)
Pleitgens Standpunkt teilen wichtige Experten.

---

[47] F.Pleitgen und M.Schischkin, Frieden oder Krieg, Russland und der Westen - Eine Annäherung, München 2019

Sechzig namhafte Persönlichkeiten, darunter Gerhard Schröder, Horst Teltschik, Roman Herzog, Eberhard Diepgen, Manfred Stolpe und Antje Vollmer veröffentlichten im Dezember 2014 folgenden Aufruf: „Niemand will Krieg. Aber Nordamerika, die Europäische Union und Russland treiben unausweichlich auf ihn zu, wenn sie der unheilvollen Spirale aus Drohung und Gegendrohung nicht endlich Einhalt gebieten. Alle Europäer, Russland eingeschlossen, tragen gemeinsam die Verantwortung für Frieden und Sicherheit. Nur wer dieses Ziel nicht aus den Augen verliert, vermeidet Irrwege."
(Quelle: www.aufruf-fuer-eine-andere-russland-politik)

Russland und die USA werfen sich gegenseitig Verletzung des INF-Vertrags von 1987 über den Verzicht auf Raketen mit einer Reichweite von 500 km bis 5.500 km vor, Russland wegen eines US-Raketenabwehr-Systems in Rumänien und die USA wegen neuer russischer Cruise Missiles. Das Wichtigste könnte aber sein, dass China nicht interessiert war, dem Vertrag beizutreten.
Die Kündigung des INF-Vertrags durch Präsident Trump scheint eine neue Phase atomaren Wettrüstens zu offenbaren, die als neue Gefahr für Europa dessen krisenfeste Einigkeit erfordert. Für Europa gibt es nur Sicherheit und Frieden mit, nicht gegen Russland.

7.2 Chinas Griff nach Westen mit Seidenstraße und Künstlicher Intelligenz

China hat, wie Deutschland im 19.Jahrhundert, vom Staat geplant und geführt, eine kapitalistische Aufholjagd vom Agrarstaat zum international wettbewerbsfähigen Industriestaat gemeistert, gestützt auf Diebstahl von Know-how und massive Exportförderung. Chinas Exportüberschüsse lieferten die Devisen für Auslandsinvestitionen, insbesondere den Kauf von Technologieunternehmen. Chinas auf Export basierter wirtschaftlicher Aufstieg wurde unterstützt durch einen niedrigen Wechselkurs der chinesischen Währung sowie Import- und Kapitalverkehrsbeschränkungen und systematischen Know-how-Import durch Joint Ventures, z.B. kaufte China hundert Airbus A 300

Maschinen verbunden mit der Auflage, dass eine große Anzahl davon mit Übergabe der Konstruktionsunterlagen in China endmontiert wird. Die Devisenreserven aus langjährigen hohen Exportüberschüssen befähigen China darüber hinaus zu großen internationalen Infrastrukturinvestitionen in dem Projekt Seidenstraße, das Sigmar Gabriel das einzige geostrategische Projekt der Gegenwart genannt hat. Für eine Beschleunigung des Transports nach Europa und Afrika und den Zugang zu den Märkten Zentralasiens realisiert China ein System kombinierter Land- und Seetransportwege und Umschlagplätze. China sichert sich dadurch nicht nur direkten bevorzugten Marktzugang in Ost- und Südeuropa, sondern auch die Erschließung wichtiger Rohstoffe und politischen Einflusses in Afrika.

Da China für die sehr großen Infrastrukturprojekte den Gastländern hohe langfristige Kredite gewährt, sichert sich China mit den Projekten zugleich bedeutenden politischen Einfluss in den Transit- und Zielländern der Seidenstraße in Zentralasien, Afrika und Europa. Zwei bekannte Projekte der Seidenstraße sind der Ausbau des griechischen Hafens von Piräus und der Ausbau der Bahnverbindung von Kenias Seehafen Mombasa zur Hauptstadt Nairobi mit Lieferung moderner Züge. Diese außerordentlichen Erfolge des chinesischen Staatskapitalismus muss man zusammensehen mit den Problemen großer sozialer Ungleichheit zwischen Stadt und Land und der chinesischen Wirklichkeit des zunehmend perfektionierten computerbasierten Überwachungsstaates.

China und die USA sind gleichzeitig ökonomisch voneinander abhängig. China hat noch keine eigene Chipfertigung für seine Elektronikindustrie und die USA sind hochverschuldet bei China, das hohe Devisenbeträge in US-Schuldverschreibungen angelegt hat. Diese wechselseitige Abhängigkeit dämpft etwas die wachsenden Gefahren durch Chinas Anspruch auf Einflussnahme bei den Anrainerstaaten des Südchinesischen Meeres (z.B. Indonesien) und Taiwan, deren Unabhängigkeit die USA in Bündnisverträgen zu schützen versprochen haben. Noch ist China militärisch den USA deutlich unterlegen, aber das Land rüstet auf und der Rohstoffreichtum im Südchinesischen Meer verändert die Region zu einem gefährlichen Pulverfass.

8 Digitalisierungssprint zügeln für Freiheit und Menschenwürde

Viel versprechenden Schalmaiengesang über die zukünftigen Errungenschaften des bevorstehenden Digitalisierungswettlaufs für verstärkte Automation sowie künstliche Intelligenz mit selbstfahrenden Autos und Pflegerobotern etc. lancieren die Profiteure und lobbybeeinflusste Politiker reichlich. Werfen wir einen Blick auf den gesellschaftlichen Zusammenhang und bedenken wir, was in Italien geschah. Italien erlitt reichliches Missgeschick: zwei Erdbeben, anhaltenden Flüchtlingsansturm, einen wuchtigen Brückeneinsturz und Importüberschüsse aus Deutschland. Die EU hielt fest an Sparvorgaben und Kanzlerin Merkel versprach dem italienischen Ministerpräsidenten Renzi Unterstützung bei der Automatisierung der Industrie (genannt Industrie 4.0). Die Italiener/innen ahnten die Gefahr von Massenentlassungen durch einen Rationalisierungsschub. Sie entschieden sich gegen Renzi und wählten die Fünf-Sterne-Bewegung und die Lega Nord (mit Salvini). Diese Folge von Leichtfertigkeit und Schönfärberei war vorhersehbar. Wir haben also Grund, über die Schattenseiten bevorstehender Umwälzungen nachzudenken, um mögliche Schäden klein zu halten. Der Philosoph Richard David Precht hat eine Utopie für die digitale Gesellschaft entwickelt und schreibt:[48]

„Die Zukunft kommt nicht – sie wird von uns gemacht! Die Frage ist nicht: Wie werden wir leben? Sondern: Wie wollen wir leben?
Die vierte industrielle Revolution ist in vollem Gange, doch die Politik schläft. Dabei wird die Digitalisierung der Lebens- und Arbeitswelten unser gesellschaftliches Zusammenleben in einem Ausmaß verändern, das wir nur dann in den Griff bekommen, wenn wir heute die Weichen richtig stellen und unser Gesellschaftssystem konsequent verändern."

Precht diskutiert die Bedeutung der Arbeit als Möglichkeit persönlicher Entfaltung und kann sich dennoch den „Verlust" bezahlter abhängiger Arbeit als Chance vorstellen, bewusster und selbstbestimmter zu leben. Ein Bedingungsloses Grundeinkommen hält er nur für einen ersten Schritt der notwendigen gesellschaftlichen Veränderungen.

[48] R.D. Precht, Jäger, Hirten, Kritiker, München 2018, Klappentext

Nach ausführlicher Reflektion verschiedener Aspekte schließt Precht mit dem Hinweis auf drei Krisen und eine fundamentale Gefahr für die Freiheitliche Ordnung.

Als **erste Krise** warnt er vor Massenarbeitslosigkeit als Folge eines riesigen Rationalisierungspotentials in der Industrie und bei den Dienstleistungen. Die zahlreichen Arbeitslosen verlieren ihren Wert als Produktionsfaktor und haben nur noch einen Wert als Konsumenten. Dieser „Wertverlust" der Arbeitslosen sei aus zwei Gründen verbunden mit drohender Depression: erstens weil viele Menschen im Produktionsprozess nicht mehr gebraucht werden und zweitens weil durch den Verlust ihres Arbeitseinkommens ihre Konsumfreiheiten stark eingeschränkt werden.

Die **zweite Krise** werde logisch als gravierende Konsumkrise durch die erste verursacht. Die großen Digitalkonzerne würden also in großem Stil die Kaufkraft ihrer Kunden durch Arbeitslosigkeit zerstören und dadurch die Rentabilität ihres eigenen Geschäftsmodells beschädigen. Dem bekannten Platzen finanzieller Spekulationsblasen könnte das Platzen einer spekulativen Digitalisierungsblase neuer Dimension folgen. Die Konsumkrise werde keine „kleine Irritation auf dem Weg weiter so". Es gebe Anzeichen eines Umbruchs entweder unseres freiheitlichen Menschenbildes oder in unserer Art zu wirtschaften. Precht beschreibt einen gravierenden Konflikt:[49]

„Erst wenn man erkennt, dass wir vor einer solchen Entscheidung stehen, versteht man die Lage. Der Hyperkapitalismus des Silicon Valley kann nicht länger so funktionieren wie bisher und dabei gleichzeitig die Werte der Aufklärung hochhalten, es sei denn als Maskerade. Die aufsteigende *Befreiungslinie* (Der Weg des Menschen vom Lohnsklaven zum selbstbestimmt tätigen Menschen) und die absteigende *Entmündigungslinie* (das allmähliche Ersetzen menschlicher Urteilskraft durch Programmcodes) können nicht unbegrenzt in gegenläufiger Richtung weitergehen, ohne dass das System auseinanderfliegt."

[49] ibid. S. 247

Die **dritte Krise,** eine ökologische Krise, übertreffe die vorangehenden weit und verstärke deren Turbulenzen. Precht schreibt dazu:[50] „Unser gesamtes, inzwischen immer globaleres Wirtschaftsmodell ist noch im Jahr 2018 auf unendliches Wachstum ausgerichtet und nach wie vor auf schonungslose Ausbeutung von Ressourcen und höchste Belastung des Klimas." Ein Viertel der Menschen in den reichen Industrieländern verbrauche drei Viertel der Ressourcen und die meisten seien endlich. Die Digitalisierung verstärke dieses Missverhältnis durch hohen Energieverbrauch. So brauche allein die Kryptowährung Bitcoin fast so viel Strom wie Dänemark. Die immer energieintensivere digitale Technik treibe den Ressourcenbedarf und Klimawandel ständig weiter. Wörtlich warnt Precht[51]: „Wie bei jeder Zeitenwende sind große Unruhen zu befürchten und bereits bestehende Unruhe wird weiter verstärkt. Wenn der Kitt bröckelt, fliegen die Späne in alle Richtungen. Die Ausschläge werden sich in alle Winde verteilen: als Millionen von Menschen, denen der Klimawandel immer rasanter die Lebensgrundlagen entzieht, als riesige Migrationsbewegungen, als blindwütiger völkischer Nationalismus, als Separatismus, als Protektionismus, als Empörungs- und Hasskultur im Internet, als Parteienverdrossenheit, in Ablenkungskriegen, als Zuflucht in Verschwörungstheorien und als Milizenbildung mit Progromen (in den USA, aber vielleicht nicht nur dort)." ...Ob die Gesellschaft der Zukunft besser oder schlechter werde, sei ungewiss. Ausgelöst durch große Volksverführer sei ein Rückfall in die Barbarei möglich. Es sei heute ziemlich breiter Konsens, dass der „entfesselte Kapitalismus" heute unsere Freiheit bedrohe, die Umwelt rasant zerstöre und nicht „das Gute" sei. Precht erinnert dazu an Chinas „Kontrollkapitalismus", der ökonomisch äußerst erfolgreich immer weiter voranschreite. Precht schließt mit der Feststellung: „Das Erbe der Aufklärung ist, sich die Zukunft als vom Menschen gestaltet zu denken und sie nicht in die Hand Gottes oder die Hand einer eigengesetzlichen Evolution von Technologie zu legen. ... holen wir uns unsere Autonomie zurück – nicht nur in unsrem Interesse, sondern vor allem im Interesse aller künftigen Generationen."

---

[50] ibid. S. 248

[51] ibid. S.249 und S.261

9 Klimawandel und Sicherheit, Kitt oder Kollaps staatlicher und internationaler Ordnung

Prof. Hans-Joachim Schellnhuber, der Gründungsdirektor des Potsdam-Instituts für Klimafolgenforschung (PIK) und Vorsitzende des Wissenschaftlichen Beirats der Bundesregierung für globale Umweltveränderungen (WBGU), schreibt[52]: „Wir sprechen ja beim Klimawandel der Moderne nicht von einer milden Erhöhung der Erdtemperatur, die uns das Frösteln vertreiben würde. Wir sprechen vom Risiko einer Heißzeit jenseits aller evolutionären Erfahrungen des Menschheitsgeschlechts." Gegen Ende seines umfassenden Berichts behandelt Schellnhuber ausführlich die möglichen gesellschaftlichen Reaktionen auf den Klimawandel.

Schellnhuber zitiert aus dem Bericht des WBGU für die Bundesregierung mit dem Titel „Sicherheitsrisiko Klimawandel": „Der Klimawandel wird - ohne entsprechendes Gegensteuern - bereits in den kommenden Jahrzehnten die Anpassungsfähigkeit vieler Gesellschaften überfordern. Daraus können Gewalt und Destabilisierung erwachsen, welche die nationale und internationale Sicherheit in erheblichem Ausmaß bedrohen. Der Klimawandel könnte die Staatengemeinschaft aber auch zusammenführen, wenn sie ihn als Menschheitsbedrohung versteht."[53]

Schellnhuber schließt seinen Bericht über die Sicherheitsdebatte mit einer Vermutung in fünf Punkten[54]:

1. Kühlere Perioden seien konfliktreicher als wärmere.
2. Die Welt sei seit dem 2.Weltkrieg trotz rasanten Bevölkerungswachstums friedlicher geworden, besonders dank

[52] H.-J. Schellnhuber, Selbstverbrennung, Die fatale Dreiecksbeziehung zwischen Mensch, Klima und Kohlenstoff, 2015 München, S. 688
[53] ibid. S. 689
[54] ibid. S. 91 f.

weltweiten Wohlstandszuwachses durch zunehmende Nutzung fossiler Energie.

3. Die Kooperationsbereitschaft zwischen Menschen, Gruppen und Ländern dürfte bei weiterer Erderwärmung wegen ungebremster „Karbonisierung“ unserer Zivilisation solange zunehmen, wie lebensnotwendige Ressourcen für gemeinsame Nutzung reichen und begrenzte Herausforderungen Zusammenarbeit erfolgversprechend erscheinen lassen.

4. Wenn allerdings auf einem um 4°C bis 6°C aufgeheizten Planeten mit bis zu 11 Mrd. Bewohnern die menschengemachten Klimaveränderungen exzessiv werden, dann wären soziale Dramen ohne historisches Beispiel zu erwarten oder zumindest möglich. Die Haltung „alle gemeinsam anpacken“ schlage bei Ressourcenverknappung und Existenzbedrohung um in Panik und „Rette sich wer kann“.

5. Jenseits des Zusammenbruchs unserer Hochzivilisation im Bereich einer globalen Erwärmung um die 8° C könnte es in dann noch bewohnbar gebliebenen Regionen (etwa Skandinavien) zu einer Wiederbelebung sozialer Zusammenarbeit von Notgemeinschaften kommen.

Schellnhuber schließt dieses Kapitel mit dem Hinweis, dass einige Friedensforscher diese Warnungen als möglicherweise Unruhen stiftend also „self fullfilling“ gern unter den Teppich kehren würden, was an der Grenze des Perfiden sei, weil Abwarten die Chance der Verhinderung zerstöre und „die betroffenen Gesellschaften (des Südens) erst dann ihre prekäre Lage erkennen, wenn es zu spät ist“[55].

[55] ibid. S. 692

10 Klimaschutz als Weltbürgerbewegung statt Reich vor Arm

Die oben behandelte krasse Ungleichheit zwischen sehr reich und sehr arm (vgl. Kapitel 5) begründet eine doppelte Verantwortung der sehr Reichen und auch der nur Wohlhabenden für den Klimaschutz, denn sie haben in der Vergangenheit seit Beginn der Industrialisierung die höchsten Treibhausgasemissionen verursacht (vgl. Kapitel 1) und sie sind auch heute diejenigen mit den höchsten CO_2-Emissionen pro Kopf. Nur wenn die Wohlstandsgesellschaften der Industrie- und Schwellenländer ihre jährlichen Emissionen zwischen 5 bis 15 Tonnen CO_2/Kopf auf das Niveau von Entwicklungsländern in der Größenordnung 1 Tonne CO_2/Kopf und Jahr reduzieren, kann die Klimakatastrophe mit Zerstörung unserer Lebensgrundlagen noch verhindert werden.

Um die durchschnittliche globale Erderwärmung mit 2/3 Wahrscheinlichkeit unter 2° C zu halten, muss diese Reduzierung in den kommenden 20 Jahren verwirklicht werden, weil der gegenwärtige jährliche Gesamtausstoß an CO_2 plus CO_2-Äquivalenten von 35 Mrd. Tonnen ein 20stel des insgesamt noch zulässigen CO_2-Emissions-Budgets von 750 Mrd. Tonnen CO_2 ist.[56] Folgt man Szenarien, die das Budget auf 900 Mrd. Tonnen festsetzen, dann ergibt das einen Zeithorizont von 30 Jahren. Das erscheint lang, ist aber für das Ausmaß der notwendigen Veränderungen immer noch eine sehr kurze Zeitspanne. Deshalb müssen wir alle Entscheidungs- und Handlungsoptionen nutzen und sofort beginnen. Konkrete Anregungen für eine Weltbürgerbewegung für Klimaschutz finden Sie im gleichnamigen Sonderbericht des WBGU im Internet[57]

Jeder von uns muss die eindringliche Mahnung von Schellnhuber in dem Werk „Selbstverbrennung“ ehrlich bedenken. Er schreibt[58]

„Inzwischen habe ich eingesehen, dass die Frage nach dem persönlichen Beitrag schlechthin *die politischste aller Fragen ist.* Denn kein

---

[56] vgl. www.wbgu.de/ Sondergutachten - Der Budgetansatz 2009

[57] vgl. www.wbgu.de/ Sondergutachten - Klimaschutz als Weltbürgerbewegung 2014, S. 75 bis 117

[58] H.-J. Schellnhuber, op.cit. S. 656 f.

Problem der Moderne ist so unmittelbar mit den Gewohnheiten, Wünschen, Abneigungen und Entscheidungen des Einzelnen verknüpft wie die Klimaherausforderung.
Gewiss, das System des unbeschränkten Marktkapitalismus, der seit dem Fall der Berliner Mauer das Wirtschaften der ganzen Erde prägt, die Profitinteressen der weltumspannenden fossilen Industrie, die Machtansprüche autoritärer Parteien, archaische Dynastien und reaktionäre Militärcliquen – sie tragen allesamt dazu bei, dass wir uns immer schneller auf das Klimachaos zubewegen. Aber diese Mächte und Kräfte können nur deshalb so zerstörerisch wirken, weil fast alle Menschen *Komplizen* der Untat sind. Gelegentlich aktiv, zumeist passiv. Wenn wir diese Komplizenschaft aufkündigen würden, fingen Regierungen rasch an zu schwanken und stolze Konzerne würden demütig."

Die Jugendlichen von Fridays for Future sind der kraftvolle Anfang dieser Weltbürgerbewegung. Sie verdienen unsere Unterstützung, Mitwirkung, Argumente und Ausdauer.
Dazu soll dieses Buch beitragen.

Helmut Schmidt beendet sein Buch „Globalisierung"[59] mit dem Hinweis: „..., dass keine Demokratie auf Dauer Bestand haben kann ohne das doppelte Prinzip von Rechten und Pflichten – und beide Prinzipien gelten für jedermann."
Richard von Weizsäcker schreibt in seinen Erinnerungen[60], zum Thema Bewahrung der Schöpfung: „Die Erde ist älter als die Menschen. Sie wird die Menschen auch überdauern. Sie wird uns Menschen beherbergen, solange wir unseren angemessenen Teil von ihren Kräften für uns in Anspruch nehmen – nicht mehr. Wir werden die Natur nie beherrschen. Vielmehr sind wir ein Teil des lebenserhaltenden Kreislaufs. Wir werden unser Leben erhalten, wenn wir ihn nicht zerstören, sondern achten.

[59] Helmut Schmidt, Globalisierung, Stuttgart 1998, S.144

[60] Richard von Weizsäcker, Vier Zeiten, Berlin 1997, S.427 f.

Nachwort

Die Bedeutung von Arm und Reich hat im Vorfeld von Klimakatastrophen eine neue Dimension, die über alte und neue Links- und Rechtsvorstellungen hinausgeht. Das verdeutlicht Schellnhuber mit einem Gleichnis, das dem Thema den Ernst verleiht, den es verdient[61]: Stellen Sie sich vor, eine bunte Reisegesellschaft aus gut ausgerüsteten fitten Sportlern, locker gekleideten Hausfrauen und Rentnern bis hin zu sonnenhungrigen Genussurlauber/innen in Badekleidung und leichten Sandalen hat sich am Fuß des Matterhorns versammelt, um gemeinsam dessen Gipfel zu ersteigen. Die Gruppe wird von der Reiseleitung zweigeteilt in die *Fitten* und die *Untrainierten.* Damit beide Gruppen den Gipfel erreichen, werden alle Teilnehmer mit einem Gummiseil verbunden, an dem die vorn voransteigenden *Fitten* die *Untrainierten* nachziehen werden. - Natürlich kommen die *Fitten* gut voran, während die *Untrainierten* sich mühend zurückfallen. Als klar wird, dass die *Untrainierten* den Aufstieg nicht schaffen werden, überspannt sich das Seil und die *Fitten* sind inzwischen so weit aufgestiegen, dass sie von dem Seil zurückgehalten großes Geröll lostreten, das auf die *Untrainierten* hinunterstürzt. Die *Strategie des Ziehens durch die Fitten* ist gescheitert. Die *Fitten* gelangen zwar weit aber nicht ganz nach oben. Die *Untrainierten* erleiden schweren Schaden durch das Geröll, das die *Fitten* losgetreten haben. – Schellnhuber gibt eine alternative Strategie zu bedenken. Die *Fitten* sollten hinter den *Untrainierten* aufsteigen und diesen in die Höhe helfen. Mit dieser *Strategie des Schiebens durch die Fitten* käme die Gruppe zwar gemeinsam langsamer voran, aber ohne große Gefahren und Schäden, die beim Vorauseilen der *Fitten* für die *Untrainierten* am gefährlichsten wären. – Das bedeutet: Der Klimawandel würde, bei weitgehend ungebremster Erderwärmung, als große von den Starken losgetretene Lawine die Schwächsten der Weltgesellschaft am härtesten treffen, weil sie unzureichend informiert, ohne Geld am falschen Ort leben.

---

[61] Schellnhuber, Selbstverbrennung, op.cit. S. 693-698

Literaturverzeichnis und Dank

Altenburg, Till, Arbeitsplatzoffensive für Afrika, d.i.e., Bonn 2017
Asserate, Asfa-Wossen, Die neue Völkerwanderung, Wer Europa bewahren will, muss Afrika retten, Berlin 2016
Baßeler, Ulrich; Heinrich, Jürgen; Koch, Walter A.S., Grundlagen und Probleme der Volkswirtschaft, 15. Aufl., Köln 1999 (fundiert+verständlich)
Beck-Texte im dtv, Grundgesetz, mit Menschenrechtskonvention und EU-Grundrechts-Charta, München 2011
Bender, Peter, Weltmacht Amerika - Das neue Rom, München 2005
Bergedorfer Gesprächskreis, 131.Protokoll, Russland und der Westen, Chancen für eine neue Partnerschaft, Potsdam Juni 2005
Blume, Georg; Hein, Christoph, Indiens verdrängte Wahrheit, Streitschrift gegen ein unmenschliches System, Hamburg 2014
Bode, Thilo, TTIP die Freihandelslüge, München 2015
Bonner, Stefan + Weiss, Anne, Generation Weltuntergang, München 2019
Brinkbäumer, Klaus, Der Traum vom Leben, Frankfurt/M 2006
Bibow, Jörg + Flassbeck, Heiner, Das Euro-Desaster. Frankfurt 2018
Cartier, Raymond, Der Zweite Weltkrieg, München und Zürich 1977
Cairncross, Frances, Costing the Earth, London 1991
Diamond, Jared, Kollaps, Warum Gesellschaften überleben oder untergehen, Frankfurt/M 2010
Dönhoff, Marion, Macht und Moral, Köln 2000
Dönhoff, Marion, Zivilisiert den Kapitalismus, Stuttgart 1997
Fischer, Joschka, Für einen neuen Gesellschaftsvertrag, Köln 1998
Flassbeck, H. + Steinhardt,P., Gescheiterte Globalisierung, Berlin 2018
Fratzscher, Marcel, Verteilungskampf, München 2016
Fritsch, Bruno, Mensch-Umwelt-Wissen - Evolutionsgeschichtliche Aspekte des Umweltproblems, Zürich und Stuttgart 1994
Gabriel, Sigmar + Steinmeier, Frank-Walter + Steinbrück, Peer, Wege aus der Krise, Wachstum und Beschäftigung, SPD, Berlin 15.5.2012
Garton Ash, Timothy, Freie Welt - Europa, Amerika und die Chance der Krise, München, Wien 2004
Geißler, Heiner, Was würde Jesus heute sagen?, Berlin 2004
Gibson, Rowan, Rethinking the Future - So sehen Vordenker die Zukunft von Unternehmen, Landsberg/Lech 1997
Giersch, Herbert, Allgemeine Wirtschaftspolitik - Wiesbaden 1960
Gorbatschow, Michail, Die Rede - Wir brauchen die Demokratie wie die Luft zum Atmen, Hamburg 1988
Gu, Xuewu, Die große Mauer in den Köpfen - China, der Westen und die Suche nach Verständigung, Hamburg 2014

Guérot, Ulrike, Warum Europa eine Republik werden muss! Eine politische Utopie, Bonn 2016
Habermas, Jürgen, Zur Verfassung Europas, Berlin 2011
Heinrich Böll Stiftung (Hrsg.), Nachhaltig aus der Krise, Schriften zur Ökologie, Band 9, Berlin 2010
Heinrich Böll Stiftung (Hrsg.), Solidarität und Stärke - Zur Zukunft der Europäischen Union, Schriften zu Europa, Band 6, Berlin 2011 Internet: www.boell.de/zukunft-der-eu
Hessel, Stéphane, Empört Euch!, Berlin 2011
Hessel, Stéphane, Engagiert Euch!, Berlin 2011
Hessel, Stéphane, Morin, Edgar, Wege der Hoffnung, Berlin 2011
Hintz,K.+Schuldt,E.-O.,Hrsg.Wahr-*Schau* Elbvertiefung, Norderstedt 2014
Homann, Karl, Was bringt die Wirtschaftsethik für die Ethik?, Abschiedsvorlesung Ludwig-Maximilians-Universität München 2008
Huber, Wolfgang, Ethik-Die Grundfragen unseres Lebens, München 2013
Huntington, Samuel P., Kampf der Kulturen, München 1996
Jonas, Hans, Das Prinzip Verantwortung -, Frankfurt/M 1979
Kabou, Axelle, Weder arm noch ohnmächtig - Eine Streitschrift gegen schwarze Eliten und weiße Helfer, Basel 1995
Kapuściński, Ryszard, Afrikanisches Fieber, Frankfurt/M 1998
Kapuściński, Ryszard, Sowjetische Streifzüge, Frankfurt/M 1993
Kenna, Joseph P., Aggregate Economic Analysis, New York 1969
Kennedy, Paul,The Rise and Fall of the Great Powers, Lexington 1988
Kennedy, Paul, In Vorbereitung auf das 21. Jahrhundert, Frankfurt/M 1993
Keppler, Erhard, Die Luft, in der wir leben - Physik der Atmosphäre, München, Zürich 1988
Kissinger, Henry A., Die sechs Säulen der Weltordnung, Berlin 1992
Kissinger, Henry A., Weltordnung, München o.J.
Kleber, Claus, Amerikas Kreuzzüge - München 2005
Klein, Naomi,Die Entscheidung Kapitalismus vs. Klima, Frankfurt/M 2015
Klingholz, Reiner, Sklaven des Wachstums, Campus 2019
Knopp, Guido; **Schott, Harald**, Die Saat des Krieges, München 2000
Knopp, Guido, Das Weltreich der Deutschen, Von kolonialen Träumen, Kriegen und Abenteuern, München 2011
Koesters, Paul-Heinz, Ökonomen verändern die Welt, Hamburg 1983
Krone-Schmalz, Gabriele, Russland verstehen, der Kampf um die Ukraine und die Arroganz des Westens, München 2015
Küng, Hans, Anständig wirtschaften - Warum Ökonomie Moral braucht, München 2012
Landes, David, Wohlstand und Armut der Nationen, München 2009
Latif, Mojib, Globale Erwärmung, TB, Stuttgart 2012

Lehmann, A.G., The European Heritage, Oxford 1984
Lehndorff, Steffen (Hrsg.), Spaltende Integration - Der Triumpf gescheiterter Ideen in Europa - revisited, Zehn Länderstudien, Hamburg 2014
Le Monde *diplomatique,* Atlas der Globalisierung 2019
LichtBlick SE + Hohmeyer, Olav, Studie 2050, Hamburg 2010
MacKay, David J.C., Sustainable Energy, Cambridge 2009; Available free online from: www.withouthotair.com (mit großem Quellenreichtum)
Marshall, Tim, Die Macht der Geographie, DTV 2017
Mortimer, Ian, Zeiten der Erkenntnis, München 2017
Rifkin, Jeremy, Der europäische Traum, Frankfurt/M 2006
Piketty, Thomas,Die Schlacht um den Euro, Interventionen,München 2015
Pinzler, Petra, Der UnFreihandel, die heimliche Herrschaft von Konzernen und Kanzleien, TTIP-TESA-CETA, Hamburg 2015
Pleitgen, Fritz + Schischkin, Michail, Frieden oder Krieg, München 2019
Precht, Richard David, Jäger, Hirten, Kritiker, München 2018
Scheer, Hermann, Der Energ*ethische* Imperativ*,* München 2010
Schellnhuber, Hans Joachim, Selbstverbrennung, München 2015
Schmidt, Helmut, Die Mächte der Zukunft, München 2004
Schmidt, Helmut, Globalisierung, Stuttgart 1998
Schmidt, Helmut, Mein Europa, Hamburg 2013
Schmidt, Helmut, Religion in der Verantwortung, Gefährdungen des Friedens im Zeitalter der Globalisierung, Berlin 2012
Schmidt, Susanne, Markt ohne Moral, München 2010
Scholl-Latour, Peter, Die Welt aus den Fugen - Betrachtungen zu den Wirren der Gegenwart, München 2014
Scholl-Latour, Peter, Russland im Zangengriff, Putins Imperium zwischen Nato, China und Islam, Berlin 2008
Schweitzer, Albert, Verfall und Wiederaufbau der Kultur, München 1953
Seitz, Volker, Afrika wird armregiert oder Wie man Afrika wirklich helfen kann, München 2009
Simms, Brendan, Kampf um Vorherrschaft, eine Geschichte Europas, 1453 bis heute, München 2016
Simms, Brendan; Zeeb, Benjamin, Europa am Abgrund, Plädoyer für die Vereinigten Staaten von Europa, München 2016
Smith, Adam, The Wealth of Nations Books 1-3, 1776 und London 1999
Smith, Laurence C., Die Welt im Jahre 2050, Die Zukunft unserer Zivilisation, München 2010
Specht, Olaf, Business Management/Unternehmensführung, München 2001
Specht, Olaf, Die Welt von morgen, Norderstedt 2017
Steinmeier, Frank-Walter, Europa ist die Lösung – Churchills Vermächtnis, Wals 2016

Steingart, Gabor, Weltbeben, Leben im Zeitalter der Überforderung, München 2016
Steingart, Gabor, Weltkrieg um Wohlstand, München 2007
Stiftung Entwicklung und Frieden, Herausgeber: Diebel, Hippler, Roth, Ulbert, Globale Trends 2013, Frieden - Entwicklung – Umwelt, Ff./M 2012
Stiglitz, Joseph, Die Chancen der Globalisierung, München 2008
Stiglitz, Joseph, Im freien Fall, Vom Versagen der Märkte zur Neuordnung der Weltwirtschaft, München, 2010
Stiglitz, Joseph, Europa spart sich kaputt, Warum die Krisenpolitik gescheitert ist und der Euro einen Neustart braucht, München 2016
Toqueville, Alexis de, Die Demokratie in Amerika, Frankfurt/M 1956
Turmes, Claude, Die Energiewende, Chance für Europa, München 2017
Weck, Roger de, Nach der Krise, Gibt es einen anderen Kapitalismus?, München 2009
Weidenfeld, Werner, Die Europäische Union, Akteure – Prozesse – Herausforderungen, München 2013
Weihe, Thomas; Rödinger, Horst, Edition Körber-Stiftung, Russland und der Westen, Chancen für eine Partnerschaft, Hamburg 2005
Weizsäcker, Richard von, Vier Zeiten, Erinnerungen, Berlin 1997
Wissenschaftlicher Beirat der Bundesregierung Globale Umweltveränderungen (WBGU), Sondergutachten Klimaschutz als Weltbürgerbewegung, Berlin 2014, Internet: www.wbgu.de; mit vielen Quellen
Wissenschaftlicher Beirat der Bundesregierung Globale Umweltveränderungen(WBGU),Sondergutachten,Kassensturz,Budgetansatz,Berlin 2009
Winkler, Heinrich August, Zerreissproben, München 2015
Wissenschaftlicher Beirat der Bundesregierung Globale Umweltveränderungen (WBGU), Welt im Wandel, Energiewende zur Nachhaltigkeit. Zusammenfassung für Entscheidungsträger, Berlin 2003
WWF Deutschland, Living Planet Report 2010 - Biodiversität, Biokapazität und Entwicklung, Berlin 2010
www.Bertelsmann-Stiftung/Reformkompass Migration
www.un.sustainable.development.goals
www.wbgu.de/Sondergutachten/Klimaschutz als Weltbürgerbewegung
www.WWF Letzte Chance für den Emissionshandel
www.WWF Living-Planet Report 2014 /Kurzfassung
www.WWF Living-Planet Report 2016 /Kurzfassung
www.WWF Unsere Umwelt-Ressourcensicherung und Nachhaltigkeit
www.WWF Waldzustandsbericht
www.withouthotair.com (Fundgrube für eigene Initiativen)
Yunus, Muhammad, Für eine Welt ohne Armut, Bergisch Gladbach 2006

Dank
Ich danke meiner Frau, der Photographin Silke Specht, für ihren Beistand und das Einbandfoto der Namib; ich danke Henrik Althaus, Peter Calais, Bernd Titze und Ernst-Otto Schuldt für vielfältige Anregungen und engagierte Unterstützung. Sie haben zum Gelingen dieses Buches wesentlich beigetragen. Weiter danke ich Edith Rieger und Hans-Christoph Rieger für intensive kritische Lektüre und Kommentierung.

Ich danke der Firma LichtBlick SE, dem WBGU und dem Verlag Antje Kunstmann für ihre freundliche Genehmigung großer Zitate, deren Inhalte ich in diesem Zusammenhang für richtungsweisend halte.
Ich danke allen zitierten Autoren und den folgenden Verlagen, deren kleine Zitate ohne besondere Rückfrage und Genehmigung wichtige Aspekte zur Diskussion, Erkenntnis und Lösung der Herausforderungen von Klimawandel und Wirtschaftsordnung beitragen:
DTV
DVA
Der Spiegel
Edition Körber
Fischer
Heinrich Böll Stiftung
Piper; Propyläen
Siedler
UTB; VSA
Pantheon.
Die wörtlichen Zitate - alle aus veröffentlichten Quellen - halte ich wegen ihrer Prägnanz als Beitrag zur Lösung der globalen Aufgaben für geboten. Sie würdigen den zitierten Autor und werben für vertiefende Beschäftigung mit der Quelle. Sollte ein Inhaber von Urheberrechten ein Zitat in diesem - im Sinne des Gesetzgebers wissenschaftlichen - Kontext als nicht geboten beanstanden, dann werde ich das mit Bedauern akzeptieren und das beanstandete Zitat umgehend aus diesem Buch entfernen. Da dieses Buch von BoD jeweils auf Bestellung gedruckt wird, wäre eine solche Korrektur kurzfristig machbar und wirksam. – Ferner weise ich darauf hin, dass Zitate aus dem Internet dem Stand Dezember 2016 bzw. August 2019 entsprechen und durch Weiterentwicklung im Zeitablauf ihre Rekonstruierbarkeit verlieren können.

Anhang: Ausgewählte Artikel der Allgemeinen Erklärung der Menschenrechte von 1948, deren Einhaltung durch Klimawandel und unsoziale Weltwirtschaft gefährdet erscheint

Präambel

Da die Anerkennung der angeborenen Würde und der gleichen und unveräußerlichen Rechte aller Mitglieder der Gemeinschaft der Menschen die Grundlage von Freiheit, Gerechtigkeit und Frieden in der Welt bildet,

da die Mitgliedstaaten sich verpflichtet haben, in Zusammenarbeit mit den Vereinten Nationen auf die allgemeine Achtung und Einhaltung der Menschenrechte und Grundfreiheiten hinzuwirken,

da ein gemeinsames Verständnis dieser Rechte und Freiheiten von größter Wichtigkeit für die volle Erfüllung dieser Verpflichtung ist, verkündet die Generalversammlung **diese Allgemeine Erklärung der Menschenrechte** als das von allen Völkern und Nationen zu erreichende gemeinsame Ideal, damit jeder einzelne Mensch und alle Organe der Gesellschaft sich diese Erklärung stets gegenwärtig halten und sich bemühen, durch Unterricht und Erziehung die Achtung vor diesen Rechten und Freiheiten zu fördern und durch fortschreitende nationale und internationale Maßnahmen ihre allgemeine und tatsächliche Anerkennung und Einhaltung durch die Bevölkerung der Mitgliedstaaten selbst wie auch durch die Bevölkerung der ihrer Hoheitsgewalt unterstehenden Gebiete zu gewährleisten.

Artikel 3 (Recht auf Leben und Freiheit) Jeder Mensch hat das Recht auf Leben, Freiheit und Sicherheit der Person.

Artikel 4 (Verbot der Sklaverei und des Sklavenhandels) Niemand darf in Sklaverei oder Leibeigenschaft gehalten werden; Sklaverei und Sklavenhandel sind in allen ihren Formen verboten.

Artikel 5 (Verbot der Folter) Niemand darf der Folter oder grausamer, unmenschlicher oder erniedrigender Behandlung oder Strafe unterworfen werden.

Artikel 6 (Anerkennung als Rechtsperson) Jeder Mensch hat das Recht, überall als rechtsfähig anerkannt zu werden.

Artikel 7 (Gleichheit vor dem Gesetz) Alle Menschen sind vor dem Gesetz gleich und haben ohne Unterschied Anspruch auf gleichen Schutz durch das Gesetz. Alle haben Anspruch auf gleichen Schutz gegen jede Diskriminierung, die gegen diese Erklärung verstößt, und gegen jede Aufhetzung zu einer derartigen Diskriminierung.

Artikel 12 (Freiheitssphäre des Einzelnen) Niemand darf willkürlichen Eingriffen in sein Privatleben, seine Familie, seine Wohnung und seinen Schriftverkehr oder Beeinträchtigungen seiner Ehre und seines Rufes ausgesetzt werden. Jeder hat Anspruch auf rechtlichen Schutz gegen solche Eingriffe oder Beeinträchtigungen.

Artikel 13 (Freizügigkeit und Auswanderungsfreiheit)

1. Jeder Mensch hat das Recht, sich innerhalb eines Staates frei zu bewegen und den Aufenthaltsort frei zu wählen.
2. Jeder Mensch hat das Recht, jedes Land, einschließlich seines eigenen, zu verlassen und in das eigene Land zurückzukehren.

Artikel 14 (Asylrecht)

1. Jeder Mensch hat das Recht, in anderen Ländern vor Verfolgung Asyl zu suchen und zu genießen.
2. Dieses Recht kann nicht in Anspruch genommen werden im Falle einer Strafverfolgung, die tatsächlich aufgrund von Verbrechen nichtpolitischer Art oder aufgrund von Handlungen erfolgt, die gegen die Ziele und Grundsätze der Vereinten Nationen verstoßen.

Artikel 17 (Recht auf Eigentum)

1. Jeder Mensch hat das Recht, sowohl allein als auch in Gemeinschaft mit anderen Eigentum innezuhaben.
2. Niemand darf willkürlich des Eigentums beraubt werden.

Artikel 22 (Recht auf soziale Sicherheit) Jeder Mensch hat als Mitglied der Gesellschaft das Recht auf soziale Sicherheit und Anspruch darauf, durch innerstaatliche Maßnahmen und internationale Zusammenarbeit sowie unter Berücksichtigung der Organisation und der Mittel jedes Staates in den Genuss der wirtschaftlichen, sozialen und kulturellen Rechte zu gelangen, die für die eigene Würde und die freie Entwicklung der eigenen Persönlichkeit unentbehrlich sind.

Artikel 23 (Recht auf Arbeit, gleichen Lohn)

1. Jeder Mensch hat das Recht auf Arbeit, auf freie Berufswahl, auf gerechte und befriedigende Arbeitsbedingungen sowie auf Schutz vor Arbeitslosigkeit.
2. Jeder Mensch, ohne Unterschied, hat das Recht auf gleichen Lohn für gleiche Arbeit.
3. Jeder Mensch, der arbeitet, hat das Recht auf gerechte und befriedigende Entlohnung, die ihm und der eigenen Familie eine der menschlichen Würde entsprechende Existenz sichert, gegebenenfalls ergänzt durch andere soziale Schutzmaßnahmen.
4. Jeder Mensch hat das Recht, zum Schutz der eigenen Interessen Gewerkschaften zu bilden und solchen beizutreten.

Artikel 24 (Recht auf Erholung und Freizeit) Jeder Mensch hat das Recht auf Erholung und Freizeit und insbesondere auf eine vernünftige Begrenzung der Arbeitszeit und regelmäßigen bezahlten Urlaub.

Artikel 25 (Recht auf Wohlfahrt)

1. Jeder Mensch hat das Recht auf einen Lebensstandard, der Gesundheit und Wohl für sich selbst und die eigene Familie gewährleistet, einschließlich Nahrung, Kleidung, Wohnung, ärztliche Versorgung und notwendige soziale Leistungen, sowie das Recht auf Sicherheit im Falle von

Arbeitslosigkeit, Krankheit, Invalidität oder Verwitwung, im Alter sowie bei anderweitigem Verlust der eigenen Unterhaltsmittel durch unverschuldete Umstände.

2. Mütter und Kinder haben Anspruch auf besondere Fürsorge und Unterstützung. Alle Kinder, eheliche wie außereheliche, genießen den gleichen sozialen Schutz.

Artikel 26 (Recht auf Bildung)

1. Jeder Mensch hat das Recht auf Bildung. Die Bildung ist unentgeltlich, zumindest der Grundschulunterricht und die grundlegende Bildung. Der Grundschulunterricht ist obligatorisch. Fach- und Berufsschulunterricht müssen allgemein verfügbar gemacht werden, und der Hochschulunterricht muss allen gleichermaßen entsprechend ihren Fähigkeiten offenstehen.
2. Die Bildung muss auf die volle Entfaltung der menschlichen Persönlichkeit und auf die Stärkung der Achtung vor den Menschenrechten und Grundfreiheiten gerichtet sein. Sie muss zu Verständnis, Toleranz und Freundschaft zwischen allen Nationen und allen Gruppen, unabhängig von Herkunft und Religion, beitragen und der Tätigkeit der Vereinten Nationen für die Wahrung des Friedens förderlich sein.
3. Die Eltern haben ein vorrangiges Recht, die Art der Bildung zu wählen, die ihren Kindern zuteilwerden soll.

Artikel 27 (Freiheit des Kulturlebens)

1. Jeder Mensch hat das Recht, am kulturellen Leben der Gemeinschaft frei teilzunehmen, sich an den Künsten zu erfreuen und am wissenschaftlichen Fortschritt und dessen Errungenschaften teilzuhaben.
2. Jeder Mensch hat das Recht auf Schutz der geistigen und materiellen Interessen, die ihm als Urheber von Werken der Wissenschaft, Literatur oder Kunst erwachsen.

Artikel 28 (Soziale und internationale Ordnung) Jeder Mensch hat Anspruch auf eine soziale und internationale Ordnung, in der die in dieser Erklärung verkündeten Rechte und Freiheiten voll verwirklicht werden können.

Artikel 29 (Grundpflichten)

1. Jeder Mensch hat Pflichten gegenüber der Gemeinschaft, in der allein die freie und volle Entfaltung der eigenen Persönlichkeit möglich ist.
2. Jeder Mensch ist bei der Ausübung der eigenen Rechte und Freiheiten nur den Beschränkungen unterworfen, die das Gesetz ausschließlich zu dem Zweck vorsieht, die Anerkennung und Achtung der Rechte und Freiheiten anderer zu sichern und den gerechten Anforderungen der Moral, der öffentlichen Ordnung und des allgemeinen Wohles in einer demokratischen Gesellschaft zu genügen.
3. Diese Rechte und Freiheiten dürfen in keinem Fall im Widerspruch zu den Zielen und Grundsätzen der Vereinten Nationen ausgeübt werden.